黃帝內針

# 黃帝內針

## 和平的使者

楊真海　傳講

劉力紅　整理

中文大學出版社

《黃帝內針：和平的使者》

楊真海 傳講

劉力紅 整理

© 香港中文大學 2018

國際統一書號 (ISBN)：978-962-996-832-8

出版：中文大學出版社

　　　香港 新界 沙田 · 香港中文大學

　　　傳真：+852 2603 7355

　　　電郵：cup@cuhk.edu.hk

　　　網址：www.chineseupress.com

*The Yellow Emperor's Laws of Acupuncture* (in Chinese)

　　Lectured by Yang Zhenhai

　　Compiled by Liu Lihong

© The Chinese University of Hong Kong 2018
All Rights Reserved.

ISBN: 978-962-996-832-8

Published by The Chinese University Press

　　　The Chinese University of Hong Kong

　　　Sha Tin, N.T., Hong Kong

　　　Fax: +852 2603 7355

　　　Email: cup@cuhk.edu.hk

　　　Website: www.chineseupress.com

Printed in Hong Kong

# 目 錄

# 繁體版序

劉力紅

因為三聯書店元老董秀玉的因緣，我先後結識了甘琦女士和北島先生。2012年夏天，身為香港中文大學出版社社長的甘琦女士攜同她的部分同仁參加了為期七天的由我主講的經典中醫課程。此後很多時候，我們討論的話題是：可以共同為中醫做些什麼？比如出一本集子，將我數十年來學習中醫的心路歷程分享出來。儘管這件事在一組訪談之後擱置下來，卻成就了與中文大學出版社的另外兩個因緣：一是《思考中醫》英文版。這項由海吶博士主持了十年之久的翻譯工程，最終交付給中文大學出版社這間深具中英雙語出版傳統的學術出版機構，可謂得其所哉。目前，編輯工作正在緊張有序地進行。另外，就是這本即將面世的繁體版《黃帝內針》。

　　在《傷寒論》原序的開首，記述了醫聖張仲景的如斯感慨：「怪當今居世之士，曾不留神醫藥，精究方術，上以療君親之疾，下以救貧賤之厄，中以保身長全，以養其生⋯⋯」士，古代泛指讀書人，也就是今天所謂的有文化的群體，過去的讀書人如果不學醫、通醫、用醫，在張仲景的眼裏被當作怪誕之事，而事隔不到兩千年，讀書人（醫學專業人士除外）若學醫、通醫、用醫倒成了非法之舉。這是時代進步、分工精細所致，也是西方醫學龔斷所致。當然，這是令人唏噓啼笑的。因為於所有的事中，很可能只有健康這件事是不好交出去的，這件事如果交出去，不但最終得不到健康，還會給社會增添無底的麻煩。今天各國醫保的現狀已然很好地說明了這一點。所以認識這個問題，並主動承擔起生命的養護，是每個希冀健康的生命所應選擇的路。我和我的師父都希望《黃帝內針》在香港及海外華語世界的面世能夠為這一過程帶來方便和利益。是為序。

2017 年 3 月 20 日

# 序：和平的使者

劉力紅

懷着喜悦與欣慰，總算於端午前同步完成了《黃帝內針》傳講的文字整理。我很慶幸得到師父的信任，能夠恩准我這樣一位入門不久的弟子來做這件在我看來一生都難以值遇的大事；更滿懷感恩於此前世出世間諸師的培育，使我能不辱於這部稀有著述的文字整理！當然，於我三十餘年有藥無針的醫學歷程中，竟能於年將六旬之際逢此甚深針道，更是不能忘懷於我的諸位接引菩薩！可以想像，此刻的內心，已經很難用我擅長的文字來表達了，但我依然希望此意能夠流淌於每一個字裏行間。

在動筆做文字整理之初，本是想將自己學習內針的過程寫一篇有趣的文字，以「我也學針了」為題作序，及至整理完

畢，覺得當初的想法未免太過輕慢了。就《黃帝內針》而言，
從歷史的角度來看，師父已言盡其所能言。歷代先師、師祖
作何觀之？當世或後代方家、讀者從中獲益幾何？仁家智者
以何見之？此所謂一言既出，駟馬難追，皆是由不得師父
了。而作為一名弟子，欲於此中更添色彩，亦感無能為力。
故而唯有於整理中仍存餘意者，略作幾處說明：

　　其一，真海師父所承法脈，流傳久遠，屬道家一系，代
代皆為單傳。自余習針以來，深感恩師欲廣傳此針以濟大
眾，宏深之願，切切之心，不時流露。然廣傳之路徑唯文字
一途，《易·繫辭上》曰：「書不盡言，言不盡意。」初者，師
亦擔心此途難盡其意，意若不盡，學人便難於此途明其操
作，得其傳承。所幸文字出來，大抵能如師意。如此則學
人、讀者倘若有心，能依書中法理、規範，尤能發大慈惻隱
及普救含靈之願，於此途中雖不盡得，亦能獲其大概。斯蓋
師之本意也。

　　其二，針道單傳，便可不究其名，然若廣傳，則方家必
責其名之由來。師聽其名於父，父聽其名於其師，家禹老人
以上更無從考之。余雖於文中盡其所能，述其何以名黃帝、
何以言內針，然依考據，究有遺憾也。黃帝內針之名，余初
聞之雖疑有託大之嫌，浸之略久，乃覺名實無異。故祈學
人、讀者及海內外方家能於書中尋其實要，或可實至名歸！

　　其三，《素問·刺法論》有言：「是故刺法有全神養真之
旨，亦法有修真之道，非治疾也，故要修養和神也。」雖然針

道刺法不能說「非治疾也」，畢竟我們今天用針的主要目的還是治疾！但是卻不可因此而忘記了它還有「全神養真之旨」。針道何以全神？何以養真？《黃帝內針》似乎為我們提供了足資參考的路徑。內針的法要乃用中，借用孔子的說法，可謂：執其兩端，用中於刺，其斯以為內針乎？全神也好，養真也罷，皆是不離於中。學人、讀者苟能於中上體其法理、用其規範，更能於中上全其神、養其真，則於內針之道思過半矣。

其四，在我的眼裏，黃帝內針既至簡至深，亦至秘，師將此至簡至深至秘之法公之於眾，本願乃為天下更多的人知醫，天下更廣的眾少病。若能於此有所體察，並循此深入，必能與本願相合，與傳承相應，假以時日，針道當能漸趨佳境。若其不然，但挾技斂財，不恤疾苦，自當墮入含靈巨賊一流。

其五，在《黃帝內針》文字的整理過程中，總覺《內針》之名過於專業，若欲實現師之上述本願，還當有一個更普適的名作為接引。正應了心想事成這句名語，一日，「和平的使者」突然湧現心頭，是了，就是它了！

內針之法要雖在於中，然其作用則在和平（或曰平和）。恰如《素問・平人氣象論》所言：「平人者，不病也。」亦如《傷寒論》第58條云：「陰陽自和者必自愈。」

針道有全神養真之旨，此針即彼真，彼真亦此針。師之本願蓋為大善。而中國文化追求美的路線載於《易・坤卦》之

文言，其曰：「君子黃中通理，正位居體。美在其中，而暢於四支，發於事業，美之至也。」中作用於內，則為自愈，則為不病；此用及於外，亦未嘗不能於世界之和平有所貢獻。

　　是為序。

第一章

# 傳承概述

## 一、針貴明理

### 1. 針道何以衰微

　　針刺在中醫的諸多治法裏本來位列第一，我們從《內經》
的整個篇幅可以看到，除了談理以外，針刺內容是最為豐富
的。藥物可以養生、可以療疾，這個中的道理相對容易理
解，因為不同藥物具有不同的性味、不同的成分，所以能夠
醫治不同的疾病。那麼針呢？以我們今天最常用的針具而
言，儘管大小長短尺寸不一，但其「成分」都是不鏽鋼。同一
成分的針卻要醫治千千萬萬不同的疾病，這其中的道理何在
呢？對於現代人來說，這恐怕是最困難也是最誘人的地方。

剛剛我們從《內經》篇幅的份額談到針刺是中醫諸多治法中最常用的治法，但是，反觀今天的中醫，看看每一家中醫院針灸科的規模，我們很清楚，現在的情況正好顛倒過來。從最常用淪為最不常用，是什麼緣由導致？問題究竟出在哪裏？

回顧《靈樞》的「九針十二原」，這裏面談到針刺的兩個特點：一個是「易用難忘」；一個是「猶拔刺也，猶雪汙也，猶解結也，猶決閉也」。前一個特點講的是針道的簡單性，必須容易操作、容易把握，並且一學就會，很難忘記。如果針道複雜了，變成難用易忘的東西，那麼就很難成為常用的方法，不常用，自然就難以經久不衰。第二個特點講的是針的效用，用針來療疾治病，就像拔刺、雪汙、解結、決閉那樣快捷，那麼乾脆俐落，用今天的話來說，就是那麼爽！如果針道具備了這兩個特點，誰會不想學？！誰會不想用？！人人都想學，人人都想用，自然就能「傳於後世……終而不滅，久而不絕」了。因此，用上面的特點來對照今天的現實，我們就會發現，針道之所以衰微，之所以淪落為不常用的方法，其根本的原因還在於它缺失了這兩個特徵。針已經不再是易用難忘的治法，而施之以病患，亦不再有拔刺、雪汙、解結、決閉一樣的效果，人們自然就遠離它了。所以，我們要想重拾針道往日的隆盛，還是得從找回針道的這兩個特徵出發，除此別無他途！

## 2. 方針何處起

今天談起中醫，大家對板藍根沖劑、對藿香正氣水可能比較熟悉，而對出自漢代張仲景的經方，知道的就很少了。上面這些在中醫裏，屬於方劑方藥的範疇。方藥治病不是亂來，不是感冒就可以用板藍根，就可以用藿香正氣，它要依據法理。衡量一個醫生的水平，實際上就要看他對法理的把握程度。所以，理法方藥是中醫的四張牌，既有次第也有層次。四張打全了，才稱得上合格的醫生。我們經常聽到中醫講開方治病，方由藥組成，為什麼這個方由這些藥組成？為什麼這個方要用來治療這個病？這裏面都包含着法理，有法理就叫治病，沒法理這叫試病，或叫亂來！當然，這四張牌裏，分量最重的一張是理。我常常聽劉力紅提到扶陽學派祖師鄭欽安的一句話，大意是：執藥不如執方；執方不如執法；執法不如明理。若真能明理，信手拈來一二味，皆是妙法良方。聞言知音，就知道這是過來人的話，這話也一樣適合於針刺。用針同樣要打好這四張牌，不過是將其末尾的藥換成針而已。將藥換成針，就成了理法方針！這是方針的出處。而我們今天百度「方針」這個詞，出來的卻是：引導事業前進的方向和目標。看來針道失傳，已經久矣。

在方藥裏，不同的方由不同的藥配伍而成，以對治不同的病證。在針道裏，不同的方並非由不同的針構成，而僅僅是由同一的針扎在人體不同的部位，便組成了不同的方，以達不同的治療目的。有些時候，甚至部位相同，只是扎針的

時間改變了，也能成為不同的方，進而治療不同的病證。

在人體，不同的空間部位有不同的經絡分布，不同的時間有不同的經氣運行，所以，在針道裏面，構成方的要素並非不同的針，而是不同的時空！時空不同為什麼方針就變了呢？因為時空不同，天地就不同，天地不同，陰陽自然不同，方針當然就有差異了。所以，談針必須統統回歸陰陽，回歸陰陽才有道，回歸陰陽才可能易用難忘，回歸陰陽才有可能使針刺祛疾的作用猶如拔刺、雪汙、解結、決閉一樣。

時逢因緣聚合，我們將在這裏比較深廣地傳講《黃帝內針》的理法方針，傳講的路徑不離陰陽，大家學習的路徑同樣不離於此，這一點必須時刻牢記！

《黃帝內針》就其單純的技法而言，已簡至不能再簡，花上十天半月的時間就能基本掌握；而其效又甚宏，可以用立竿見影來描述，是完全符合上述兩個特徵的針法！當然，至簡之法必寓至深之理！這個至深意味着它的含藏性和承載性，含藏一切，承載一切！所以，一旦透過針法弄明瞭這個理，則不唯針道在裏面，人事亦在其中矣。

## 二、黃帝內針的傳承

### 1. 我是如何學針的

現在傳講的這個針法叫黃帝內針，也許乍聽黃帝內針這個名字會認為起得太大，但，它是名副其實的。黃帝內針的

傳承十分深遠，它不是憑空而來的一個針法，更不是我們創造的一個針法，而是一代一代地相傳下來。當然，代代相傳裏面也蘊含着與時俱進，也蘊含着豐富發展。我是從父親楊運清先生那裏接過這個傳承，而父親是從師爺胡家禹手中接過法脈。胡家禹師爺我自小見過，而家禹師爺以上有名可考的十多位，則只有在法卷中見到其名了。

　　我的家鄉位於湖北宜昌五峰縣仁和坪鄉，世代務農。有一天，鄉里來了一位老人，並在這裏住了下來，老人的名字就叫胡家禹。老人孑然一身，加之年歲漸大，生活的諸多不便可想而知。父親對此看在眼裏，記在心裏，不時地噓寒問暖，周濟日用。時間久了，家禹老人也不免對父親另眼相看。也是時候到了，某日裏老人突然對父親說：你這般如兒女一樣待我，我也沒什麼可以報答，只有一身本事，不知你是否願學？父親爽快地答道：願學！接下來便是一段師徒密授的傳承往事。

　　家禹老人傳授的這個法脈屬於道家，法脈的內容很豐富，有祝由、有用針、有用藥。父親之前，代代皆為單傳秘授。家禹老人也就是我的師爺於1966年故去，享年80。師爺故去後，父親便獨擔法脈，苦苦支撐。那個歲月，這些東西都被當作封建糟粕，沒人敢學，也沒人有興趣學，因為掙不得工分，當不得飯吃。我因為運氣好，1976年趕上最後一班「工農兵」車，上了成都地質學院，學習區域地質調查及礦產普查。

　　大學畢業後，分配至核工業部東北地勘局二四七大隊工作。在地質江湖裏經風歷雨了近二十載後，不由生起倦意。此時看到日漸衰老的父親眼裏飽含的無奈與期待，一種說不出的自責頓時塞滿了整個心胸。不孝有三，無後為大！對這句話的理解，通常都只限於兒女的層面，認為沒有生個一兒半女，延續宗嗣，是為不孝。當然，子嗣為後，固無非議。而對於一個法脈、一門學問，如果沒有傳承，不也是無後嗎？！至少在我眼裏，這應該是更嚴重的無後。想到這一幕，不禁冷汗濕襟！該如何去亡羊補牢呢？我選擇了跟我的地質專業多少有點兒瓜葛的針法（因為兩者都與金屬有關）切入。在已過不惑之年後，接續祖脈的新的人生就這樣正式地開始了。雖然，針法以外的其他東西此時已經無法顧及，但，畢竟在醒悟之後我為此盡了全力。

　　好事總是多磨，正當我全身心投入針道，需要父親更多地關照和引領時，老人卻在過完80歲生日後（2000年）棄我而去。離開了法脈的直接哺育，逼使我從上至《內經》下至百家針典中尋求滋養，如今回想起來，亦是一段充滿艱辛和喜悅的往事。

## 2. 對傳承的思考

　　《黃帝內針》能夠走到今天，並有機會以這樣的形式在這裏傳講，經歷了從父親手中接過法脈，經歷了後來的「獨自」打拼，算來已近二十個年頭。流光歲月雖如白馬過隙，但個

中的甘苦仍是歷歷在目。一個法脈、一門學問，甚或是一門
普通技藝，如何接手？如何傳遞？如何找到承接？遇到困難
怎樣解決？這裏面都有鮮活而切身的感受，打點一下，我想
從以下四個方面來談：

**（1）文字傳承**

　　文字是傳承的重要形式之一，也是今天最容易理解和得
到的形式。當然，我這裏所說的具備傳承功能的文字，主要
指經典的文字及經典之外能夠流傳久遠的典籍。我們看經
典，比如《內經》，比如《難經》，她就像是師徒傳承的一個記
錄。尤其在過去，印刷那麼不容易，沒有現代的資訊，更無
法想像互聯網，若能得到一些經典的文字，那真叫如獲至
寶！以如獲至寶的這樣一種心情來對待經典，來學習經典，
收穫自然就大。相比之下，今天我們得到這些文字太容易
了，唐僧西天取經反倒成了天方夜譚。因為太容易得到，也
就輕忽了它，讀幾遍讀不出味，便就丟棄一旁了。所以很多
事真應了古人的話，此事兩難全！過去是很難得到，像武俠
小說裏面講的，為了得到一部什麼經，甚至不惜生命，得到
了當然就有無窮的價值。現在經典的文字唾手可得，傳承的
意義反而減少了。

　　囉嗦這些，是想讓大家恭敬經典，對經典沒有恭敬心，
從這條路上來的傳承，你就無法得到。說到這裏，我們傳講
的黃帝內針，它依據的是哪部經典呢？當然是《黃帝內經》！

尤其是《內經》的《素問》部分。自古都説：真傳一句話，假傳萬言書！這話説得對不對，我不敢妄下結論，但至少是有道理的。那麼，黃帝內針的傳承，有沒有這樣的一句話呢？我可以很負責地告訴大家，有！這句話就在《素問》的第五篇〈陰陽應象大論〉裏：「故善用針者，從陰引陽，從陽引陰，以右治左，以左治右。」如果要再加上一句作補充，這句還在這篇裏，就是「陽病治陰，陰病治陽，定其血氣，各守其鄉」。可以説，這是全部黃帝內針的要中之要，典中之典。也可以説，是全部黃帝內針的口訣。道家有句名言，叫作「得訣歸來方看書」！未得訣不是不可以看書，而是看書的意義和作用不大，得了訣就不一樣了。為什麼不一樣？大家可以慢慢感受！

以上我們傳講了黃帝內針的口訣，也可以説，大家今天就已經得到了這個口訣！這個口訣其實並不限於黃帝內針，它也是整個《內經》的口訣，是整個中醫的口訣。希望大家用這個口訣去學習中醫，去幹好中醫，更用這個口訣指導下的黃帝內針去「上以療君親之疾，下以救貧賤之厄，中以保身長全，以養其身」。

### (2) 口耳傳承

口耳傳承，也就是現在常常提到的師徒相授，是古代諸多學問的主要傳承形式，中醫自然也不例外。之所以能夠作為主要的傳承形式，一則是因為文字經典不容易得到，過去一門學問的法卷，就像禪宗祖師之間相傳的衣缽，僅此一

份，所以，只有口耳相傳。另一方面，口耳師徒相傳亦具有相當的可靠性。所謂「名師出高徒」、「將門無犬子」，即是對這一傳承形式的高度肯定。

雖然將這個傳承形式定義為口耳或曰師徒，但這個口耳卻非一般的口耳，師徒亦非一般的師生。關鍵是什麼樣的人方堪為師才？為此，唐代的韓愈專門寫了一篇〈師說〉，鄭重地提出了師的職能：「師者，傳道、授業、解惑也。」有這個能力，方入師職！中國文化裏為什麼這麼注重師道尊嚴？過去每家廳堂正中供奉的「天地君親師」牌位，為何要將師置於最末？置於最末不是他的地位最低，而是所有的這些都要靠師才有實義。否則，落不到實處，不過一紙空文。所以，嚴格來說，中國文化的命脈、中醫的命脈，是要靠師來把持的！這正是師道尊嚴之所在。

近百年來，由於對傳統的全盤否定，師道漸遠，這在中醫領域是比較突顯的。由於規模化的中醫教育將師道完全職業化了，當我們不再以傳道、授業、解惑的職能考量師資時，這一條重要的傳承路徑出現斷裂便是很自然的事了。當然，也是近十年，各方意識到了這個問題的嚴重性，政府也責令要重視師徒傳承。但是，文明的斷裂、道統傳承的斷裂，可不像修復橋樑或高速公路斷裂那麼容易！我們可能需要更足夠的耐心。

口耳傳承，一般都會強調師的一面，師當然很重要！師的重要還不完全是傳授，更重要的或許是在信印上。信是信

心，印是印證。佛門裏面有一句流傳很廣的話：信為道源功德母，長養一切諸善根。我看這句話也很適合於中醫！按照前面韓愈的說法，師的第一任務是「傳道」，實際上「道」怎麼傳呢？道沒法傳，可傳的非道！正如子思在《中庸》裏說的：「道不可須臾離，可離非道。」道從來沒有離開我們，因此，也就不存在傳不傳的問題。那麼，什麼可傳呢？信是可傳的，通道之心是可傳的。因為有信無信，那是天壤之別。就如我前面傳的口訣，沒傳之前它一直都在那裏，各位也許都很熟悉，但為什麼它不發生作用呢？就因為沒有信！今天我們很喜歡談信用這個詞，甚至做成信用卡後可以消費，就這麼一張卡，除了信啥都沒有，竟然可以當大錢來花。所以，你看這個信有多重要啊！

沒這個信的時候，你看到這個文字不當一回事，本來經中講得很清楚了，善用針的要「以右治左，以左治右」，但是到了臨床，你還是會右膝關節疼痛就扎他的右膝。你不信，當然就沒用。現在得訣了，信了，右膝疼痛你不管右膝，反而去刺他的左膝，就這麼變一下，效果就會有天地之別！師傳的意義往往就在這裏。

師要能給出這個信印是不簡單的，所以，過去對師的要求很高，不是隨便一個人就可以為師。師必須是能者，必須是一定程度的過來人，更必須有傳承法脈的支撐，否則，擔不了這個信印！對師有如此要求，學人自然也不例外，否則，信印也無法單方建立。歷史上有很多故事，看起來是為

師的刁難學人，像程門立雪，像無端棒喝，種種的考磨無非是要考出這個信印來。

### (3) 直接傳承

這是一條更不好談的傳承路徑，但是又不能不談！因為它確實在發揮傳承的作用，甚至有些時候是更重要的作用。

當然，要談直接傳承就必須去觸碰一些諸如道性、諸如法脈、法源，甚至是諸如天師這樣的概念。我們讀《內經》常常會讀到天師這個詞，以為是對岐伯的尊稱，而實際上，天在中國文化裏實在是太廣闊、太深邃，有些時候幾乎無所不包。我們常說的「天知道」，以及我們在危難時刻呼喚的「老天」，這些也許是我們平時最不在意的地方，而這些地方是有深意的！我們看古書，也常常會看到神授一詞，其實，這些都與直接傳承有關聯。

愛因斯坦是上世紀很難找到能夠與之媲美的科學家，他的科學預言在不斷地獲得證實，前不久由美國科學家發現的引力波，讓全球再一次有機會熱議這位偉大的智者。愛因斯坦的偉大成就來自他強調的理性思考和直覺判斷，很多場合，他甚至更強調直覺的意義。直覺是什麼？直覺從哪裏來？為什麼直覺在此一刹那發生？為什麼直覺發生在你身上不發生在他身上？！這些恐怕連當事人也無法說清楚，因為愛因斯坦本人就沒有說清楚這個過程。為什麼有這樣一個說不清道不明的感受？為什麼有這樣一個說不清道不明的判斷？其實，這應該都與直接傳承的路線有關。

### 3. 傳承之外的東西

從路徑上說，雖然我們分了三條，但實際的狀況往往三者難分。尤其是中間的口耳傳承通常都兼具前後二者，因為若有了明師傳授，對經典的領悟也就會容易許多，自然從經典這一路領略的傳承份額也會有所增益。另外，由口耳師徒這一路，我們常常會用到「口傳心授」這個詞，有時還用「心心相印」，心如何授？心如何印呢？其實，這又牽涉到直接傳承。從黃帝內針的傳承脈絡看，實際也是三路傳承的融合，文字傳承是《黃帝內經》，口耳傳承有師門譜系可證，而直接傳承則是本門針法成熟完善的關鍵因素。

今天我們談傳承這個話題，內心是蠻沉重的，因為一眼望去，似乎困難重重。所以，亦只能將我感受深切的傳承過程的諸種元素儘量呈現出來，以便大家能夠根據各自不同的情況從自身夠得着的地方開始。

### (1) 傳承就是力量

團結就是力量，這句話我們今天經常會用到，剖析一下會知道，之所以團結就有力量，乃是因為空間力量的聚合疊加使然。我這裏想強調的是，傳承也是力量，興許還是更大的力量，而這個力量的來源，則是因為時間力量的累積聚合。

為什麼自古學問都講究傳承？英雄要問出處呢？因為有傳承跟沒傳承完全是兩回事，至少在力量上是兩回事。劉力紅跟我學針沒幾天，就來跟我談感受，他說：師父啊，真是

奇怪，過去我也不是完全沒有用針，針灸的一些口訣至今仍然記得很牢，比如「面口合谷收」。可是牙疼的病人扎了合谷仍然叫痛，這之後慢慢就放棄了。可是自從在這兒學了黃帝內針，牙疼的病人還扎合谷（當然是按照口訣原則來取合谷），怎麼針一進去，疼痛就不見了呢？針沒有變，合谷穴也沒有變，可是效果變了。這就是有傳承和沒傳承的區別！

談到傳承，或許有人會問，光講傳承，難道不需要豐富發展嗎？豐富發展當然要，但要看在哪個層面談豐富談發展。就像黃帝內針，在我接手之後，有沒有豐富發展呢？一定有豐富發展，但是這個源沒有變，這個本也沒有變。中國文化講一本萬殊，由本上展現出來的作用可以千變萬化，但本還是本，這個沒有變化。我們經常講源遠流長這四個字，其源越遠，其流越長。若從上面這個角度看，黃帝內針有我豐富發展的地方，但絕不是我創的。它的源頭、它的本在古聖先賢那裏，在黃帝那裏。有這麼深遠的源，可以預見它的流會多麼久長，而久長時間的積澱，就是力量的由來。

## （2）如何與傳承相應

### ①什麼是最基本的傳承

傳承的事講了這麼多，如何能夠跟它相應呢？或者說得具體一點，為師的怎麼找到好徒弟？做弟子的怎麼找到好師父？找到以後怎麼辦？怎樣才能不負這個因緣而能有大的收穫？看起來這些好像都不是問題，似乎人人都知道，其實知

道的還真不多。古人常説，練劍的功在劍外，練書的功也在書外，整天抱着劍、握着筆，未必能練出一流的劍、一流的書來。傳承這檔子事也有一些像這樣，我聽劉力紅説他早年尋師的故事，真應了古人那句「踏破鐵鞋無覓處」，熱鬧的地方去了，沒人的地方也去了，可就沒有師的蹤影。等到尋累了，歇下來，師的因緣反而找上門來。

是不是歇下了就有師緣呢？這又未必了，還是要做準備。機緣不知何時來，準備卻需早做！

《中庸》裏有句名言：誠則明矣；明則誠矣。後人則曰：心誠則靈。靈明不昧！不昧就是清醒明白，智慧具足。知道如何行事，知道如何取捨，知道該朝哪個方向努力。如果這些都知道了，傳承當然就不是問題了。所以，説一千道一萬，還是一個誠不誠的問題。只有誠是可以事先準備的，其他都很難事先準備，因為不知它什麼時候會來。

《中庸》裏將誠喻為天道，是人必須效法的。錢穆先生晚年，對他幾十年研究的中國文化做了一個總結，認為天人合一乃是中國文化的歸宿處。我覺得這個總結還是很中肯的。不過需要明白，天人合一不僅僅是一個學術的概念，而是真真實實的境界。如何能夠達到這個境界呢？就是通過誠！如果真正在誠位上，天人本就一體，還有什麼不合一呢？！

誠是天道，也可以理解為人的天性，是先天本自具足的東西。那麼，人出生了，進入後天了，如何找回這個先天的性？或者如何向它看齊呢？《中庸》裏明確指出了一條道路：

擇善而固執之也。固執就是牢牢地抓住，就是不放棄，選擇
善而不放棄，換句話說就是堅持善，這就離誠不遠了。那
麼，善是什麼呢？就是我們中華文化強調的那些美德，就是
孝悌忠信禮義廉恥，就是做好一個人！兜了一大圈，回到了
做人的問題上來，我想強調的是，這是最重要最根本的基
礎。因為只有人做好了，才有了作為人的傳承，而只有在這
個傳承的基礎上才能談得上其他傳承。

### ②左右為難之事

傳承在《內經》有非常確定的原則，就是：得其人不教，
是謂失道；傳非其人，漫泄天寶。大家看，一邊是失道；一
邊是漫泄天寶，是不是左右為難呢？的確是左右為難！

在我對黃帝內針已經能夠比較成熟地把握，自我感覺這
個法脈的傳承已經完全到了自己身上，臨床用起來可謂是得
心應手、立竿見影、手到症除，這個時候我開始思考傳承的
問題。是像祖輩那樣，找到一個秘密的傳承人單傳下去呢？
還是另作打算？如果是單傳，我有現成的條件，我們生的是
兒子，符合傳男不傳女的要求。但是，看到針灸的現狀，看
到今天針灸所持有的療效，看到太多的中醫人竟然不會針
灸，看到小小的病患被折騰到不治，我的內心強烈地衝動
著，我想將這本屬於中華大地的神針廣傳，讓它走進千家萬
戶，讓它造福於人民。使小病頓除不成中病，中病不成大
病，為國家的醫保分憂。每每想到於此，就有股股暖流溫潤
心胸，讓我充滿力量。而當冷靜下來，想到「漫泄天寶」四個

大字，想到有人持此針法，不去治病救人，反去圖財吊病，這個時候，冷汗就串串地往下流。究竟怎麼辦呢？就在這樣的左右為難中猶豫彷徨了好長一段時間，最終廣傳的心還是佔了上風。

今天借此傳講的機會，有意無意地披露了一段往事，説實在也很難説準確到底是什麼讓我下的這個決心。只是覺得學術應是天下的公器，不管哪一門、哪一家，但凡能成些氣候，都離不了經典。如果離了經典而成一家，那麼這一家注定也不長遠。經典就像母親，生出各家各派，母親已順應時代公諸天下，兒孫們還有什麼猶豫呢？！想到這些以後，各種各樣的顧慮就慢慢釋懷了。

正如楊海鷹先生説的，今天我就像一個穿越時空的管道，黃帝內針通過這個管道流傳給大家，至於大家能否真實地得到，能夠得到多少，實在要看大家與傳承的相應程度，也就是説，要看大家誠不誠，要看各位能不能擇善而固執之。

# 第二章

# 法於陰陽　和於術數

　　上一章跟大家談了傳承的大致情況及黃帝內針的傳承脈絡，傳承是根基，沒有傳承，其他統統都不好談，談起來也沒有力量。上章的末尾，我提到了一個做人傳承的觀念，認為這是一切傳承的基礎。而作為人的傳承，它的核心就是孝悌，所以，孔子在《論語》開篇就談到：「君子務本，本立而道生。孝悌也者，其為仁之本歟！」孝悌是仁之本，也是人之本！劉力紅博士談文字很強調它的聲音，認為聲音是文字的靈魂，這一點我非常贊同。就比如此處的仁與人，在聲音上我們分不出誰來，都是同一個讀音。這是不是偶然的呢？不是的！這裏面有很深的涵義。仁與人同，就是說作為人，必須具備仁性，只有具備了仁性，方堪稱之為人，否則，不能

稱人。在我們傳統的習俗裏，為什麼罵人喜歡罵畜生呢？！道理也在這裏。而仁的根本就是孝悌！這是鐵板釘釘的定言！

儒家除了六經之外，還有一部《孝經》，在《孝經》的開首就指出：「孝者德之本，教之所由生也。」孝乃諸德之本，是一切教化的開端。為什麼教字要用孝這個部首？也是蘊含着上面的意思。從這一點來看，我們也就能夠知道，教育的本義其實就是教人如何做人。再讀陶行知的「千教萬教教人學真，千學萬學學做真人」，也就明白了它的來處。教由師來實現，過去在師後面都加上父，謂曰師父。一日為師，終身為父！把師看得似乎比親生父母還要重。這是中國文化裏重慧命過於生命、重道統過於家統的地方。我想，這也正是中華文明綿延不斷的根本所在吧。

有了對傳承的認識，當然最好是有了對傳承的感受，下面就可以具體進入黃帝內針法理的討論。

黃帝內針的法理離不開陰陽，在在處處都是陰陽的體現。因此，這一章的重點將圍繞如何幫助理解陰陽的問題來展開。當然，我這裏並非想要講一部完整的教科書，因為有關中醫的這些東西，從理論到臨床都多的是，針灸的也不例外。而黃帝內針從整體而言，其法理源自《內經》，與後世諸說也都不相違背。只是它乾淨俐落，又如蓮之污泥不染，卻是今天難得一見的東西。所以，本着黃帝內針的特質，我可能只講一些相對特別之處，而不打算作中醫的知識性普及。

# 一、三才

## 1. 人是怎麼來的

這個問題要想回答清楚，當然是一件不容易的事，或許博士讀完，研究一輩子，也不一定能夠很好地作答。因為，整個中國文化似乎都是為了確切地回答這個問題。所以，我這裏只打算從易的角度，粗略來談談相關的認識。

在《易經·繫辭傳》裏有這麼一段話：「天地氤氳，萬物化醇。男女媾精，萬物化生。」人是萬物之一，也是萬物之靈。《素問》裏還有另外一句話，大體與之相應，叫作「人以天地之氣生，四時之法成」。從上述兩段話，可以看到，從普通意義來說，人生命的來源，除了男女，也就是父母的因緣以外，還必須有天地這個條件。這是中國文化也更是中醫的生命觀。這一點要特別提請各位注意，這是與現今我們生理學上的一些認知所不同的地方。光有生理上精蟲和卵子的結合，這還不夠，還不能生出一個人來，還必須有天地的參與。這就構成了中國文化不同的生命元素。生命不是孤立的東西，一開始就有天地參與其中。《繫辭》裏還有另一段話，也是在強調這個問題：「易之為書也，廣大悉備。有天道焉，有人道焉，有地道焉。兼三才而兩之故六，六者非他也，三才之道也。」兼三才而兩之故六，是說天有陰陽、人有陰陽、地也有陰陽，所以，可以說生命是三湊六合而成！

因為秉持了這樣的生命觀，所以也就造就了中國文化不

一樣的生命態度及其醫學。中醫裏面所強調的整體觀念，它的源頭也在這裏。不深入到這裏，我們很難認識整體觀，也無法理解天人合一。而從這個源頭看，完整的生命，本就天人合一！所以在中國文化的生命體系裏，三這個數是很特別的一個數。而在黃帝內針的體系，無論從法理還是針道的應用，三都顯得異常的重要。

中國文化為何那麼強調禮？而且還要克己復禮！這就是要通過規範自身來和合天地。中醫有那麼多的養生原則，要法於陰陽，和於術數，食飲有節，起居有常，這些考量都是建立在生命來源的基礎上，建立在整體的基礎上，在三的基礎上。只有這樣，生命才能相對穩定。

## 2. 三而二之故六

從生命或者物質形態的角度，我們可以看看《老子‧四十二章》的一句話：「道生一，一生二，二生三，三生萬物。」這句話有很多的理解，在以下的環節我也會慢慢地談到。這裏先從字面來看，一和二都沒有萬物，只有到三才有萬物的發生，這是對三的一個強調。所以，中國文化中的三才是非常重要的，孔子這裏用了「廣大悉備」四個字，也就是無所不包了。

再從簡單的數學角度看，一是點，二是線，只有到了三才能構成面，才具有穩定性。三是面，雖然具有穩定性，但還不能構成立體的形，還不能組合事物。而當三而二之以成六後，形體就得以產生了。三而二之，就是三裏面各分陰陽，也就是我們常說的六合。所謂六合，實際上就是指以形

器為主體的世界，用現在的語言就是物質世界。物質世界的東西，包括了生命形態，在《莊子》裏面被描述成「六合之內」，這部分是聖人認為能夠討論的範疇，也就是說是語言可以表達的。

三而二之，在中醫裏面有很特別的表述，就是大家應該都熟悉的六經。六經即三陰三陽，即中醫體系的三才之道。所以，它也具有廣大悉備的特徵。而在中醫裏面，運用六經體系最嫻熟和最完備的，當數東漢的張仲景。張仲景因為《傷寒卒病論》宣導六經辨證，繼絕振衰，力挽狂瀾，使中醫的道統在存亡之際得以延續，因此而得醫門孔聖之稱。這裏我要明確地告訴大家，黃帝內針就是不折不扣的六經辨證，而且也許是更為徹底的六經辨證！因為每一針，甚至是每一個心念都不能離開六經，都不能離開三而二之的原則。三就是三才，二就是陰陽，當然慢慢我們還會談到一。三二一是黃帝內針的基本綱領，也是它的技術路線，在以下的傳講中，我會反反覆覆地談，大家則要反反覆覆地琢磨。

## （1）三陰三陽

下面我稍稍展開來介紹一下三陰三陽在中醫裏面的大致情況。三陰即太陰、少陰、厥陰；三陽即太陽、陽明、少陽。這裏的三同樣不離於三才，不離於天地人的元素。

從人的層面來說，三陰三陽涵括了人體的經絡系統，即三陰三陽經。由於經分手足，既有手三陰手三陽經，還有足三陰足三陽經。

具體而言：

手三陰經即：手太陰肺經、手少陰心經、手厥陰心包經。

手三陽經即：手太陽小腸經、手陽明大腸經、手少陽三焦經。

足三陰經即：足太陰脾經、足少陰腎經、足厥陰肝經。

足三陽經即：足太陽膀胱經、足陽明胃經、足少陽膽經。

從天地的層面而言，三陰三陽說的是六氣，六氣比較通俗一點的表達就是：風、寒、暑、濕、燥、火，比較學術一些的表達是：風木、寒水、相火、君火、燥金、濕土。具體而言：

三陰即：厥陰風木、少陰君火、太陰濕土。

三陽即：少陽相火、陽明燥金、太陽寒水。

從上述三陰三陽的基本名相我們可以看到，在人體層面，三陰三陽牽涉兩個方面，一是臟腑層面，一是經絡層面。臟腑是生命形態的內核機關，而經絡的作用至少有兩重，一是聯繫個體生命形態的內內外外，二是作為個體生命形態與天地之間的重要交通。如果用互聯網來描繪經絡的作用，至少有部分是切合的。

從臟腑的名相，我們看不出它與天地之間有什麼關係，心肝脾肺腎，膽胃大小腸三焦膀胱，這些似乎是人與動物所專有。而經絡的名相就不一樣了，三陰三陽並非人所獨有，

天地也有這般稱謂。所以，從臟腑的層面，除了三焦，其他我們都能從西醫那裏找到相同的稱謂，或者相近的內涵，但是，唯獨經絡，我們很難從西醫那裏找到相應的東西。經絡，無論從名相還是內涵，都是中醫所獨有的！為什麼在中醫行內，會有「不知經絡，開口動手便錯」的說法呢？與這個獨特性恐怕不無關係。

## 3. 三焦

在以上談到的臟腑名相中，留意的也許會發現，三焦與心是比較特別的。我們先來看三焦，三焦屬於六腑，六腑的膽、胃、大腸、小腸、膀胱，似乎都能夠在現代醫學的解剖學上找到相應的部位，儘管與現代解剖學上的臟器不一定完全相同，但相似性還是存在的。而三焦呢？三焦這一腑在解剖學上我們完全找不到相應的部位。

那麼，三焦究竟是一個什麼樣的腑？有沒有具體的形質呢？這在中醫內部也存在不同的看法，大抵不過有名無形與有名有形之爭。我們姑且擱置這些不同，而從另一個角度去看三焦，就會發現，三焦與三才實際上是有所關聯的。所謂三焦，即上焦應天，中焦應人，下焦應地。上中下，天人地，在人體有相應的各屬區域，大致而言，上焦是心窩鳩尾以上的區域；中焦是鳩尾至肚臍神闕的區域；下焦是神闕以下的區域。黃帝內針針法的定位原則，很重要的就是來自三才，來自三焦。所以，我們首先要從區位上來認識三焦的意

義。當然，這只是一個大致的區分，而實際的情況是三才一體，分之不可分，合又不勝合。總是你中有我，我中有你。比如作為天部的上焦區域，這個區域有沒有三才？這個區域能不能分上中下呢？一樣能分！針法的靈活，針法的造詣，針法的千變萬化，往往就從這些裏面體現。如果單從技法的層面，三才三焦是黃帝內針的重中之重，需要特別留意。

從理上而言，三焦也是很值得琢磨的一腑。三焦屬於手少陽經，在六氣關乎相火。不過在我的認識中，三焦還不僅僅是相火。從焦的造字看，下面的灬音「標」，意為烈火；上面的佳音「錐」，是短尾鳥的總稱。鳥在火上烤，不就是現在流行的燒烤嗎？當烤得焦香撲鼻，聞到這股焦香，自然胃口大開。《傷寒論》中，少陽病的主方小柴胡湯善治默默不欲飲食，或許與此相關。將下面的灬當作相火似無疑義，那麼這個鳥呢？人身上到哪去找這個鳥呢？鳥在中醫裏其實還有另外的意思，叫作羽蟲，羽蟲五行為火。因此，焦實際上是兩個火，下面的如果是相火，上面自然就是君火了。

## 4. 炎帝開創的文明

二火相加為炎，很自然我們會聯想到中國文化的始祖炎帝。炎帝據說是黃帝的兄長，中華文明之發端即肇於此。炎帝之所以號炎，是因有火德之瑞，所以，要研究炎帝，要研究中華文明的發端，不能不從火德上着意。

## （1）君火以明 相火以位

　　既有火德之瑞，為什麼不直呼火帝而稱炎帝呢？這裏的涵義甚深，不從這裏深入進去，我們很難體會到中國文化的蘊味無窮。

　　將火分二途，並以君相命名，出自《素問·天元紀大論》，其謂：「君火以明，相火以位。」《素問》對火所作的上述名相及功用上的區分，實在是別開生面。總體來看，大家對火沒有不熟悉的。火的作用一個是明能，一個是熱能。所謂明能即是光明的來源，光明照破黑暗，人處在黑暗裏，兩眼摸黑，什麼也看不見。不知道世界是什麼樣子，不知道真實是什麼。這種黑暗一是眼前的，一是心裏的，眼前的黑暗即是黑夜；心中的黑暗是謂愚癡。眼前的黑夜，燈火可以照亮，白日可以驅散；心中的愚癡則必由智慧的光明方能照亮。

　　而在此處，在〈天元紀大論〉裏，其以君火來喻此明，君火又系少陰心主，「心者，君主之官，神明出焉」。所以，君火以明，無疑更強調了智慧光明的一面。

　　那麼，熱能呢？熱除了溫暖一面，可以祛散寒冷之外，更重要的作用是它的動能作用、它的變化作用。變化作用體現在很多方面，如能使生物變成熟物，人類文明的其中一個象徵，便是由生食逐漸過渡到熟食。另外，幾乎大多數化學變化都需要熱的催化，而植物的生長更需要太陽提供熱能。熱的動能作用在現代文明中則是扮演了更重要的角色，如蒸汽機的發明，幾乎將熱能的作用發揮到淋漓盡致。回觀人類

的文明，每一次大大小小的進步，每一個高高低低的跨越，都沒有離開過這兩個火的作用！炎帝之所以為炎帝，其意義也就在此了。言至於此，我們似乎能夠深切地感受到，所謂炎，上面一個火，創造了中華的精神文明；下面一個火，創造了中華的物質文明。多麼偉大的炎帝！

其實，中華文化講天人合一，中醫講整體觀念，它是處處在在的，我們上面談到人類的兩個文明，在我們身上同樣也存在。人的健康為什麼要講心身健康呢？《素問‧上古天真論》為什麼要講求「神與形俱」才能盡終天年？這些都是在強調兩個文明。而兩個文明的實現，就是以君火能夠照達三部、相火能夠遊行三部為前提的。

## 5. 上工守神 下工守形

《黃帝內經》中，有關針刺還有另外一個重要的評判原則，就是：粗守形，上守神。從一般的角度來理解，也就是上等的用針是以神為依據，下等的用針是以形為依據。其實，在中國文化裏，不僅針道如此，其他的也是一樣。要想達到一定境界，都要從守形上升到守神。我們可以舉《莊子‧養生主》中的庖丁解牛，這個案例應該是最最鮮明了。在一般的廚子解牛，刀磨過一次，用不了多久就得重磨，這樣的用法，一把刀當然用不了多長時間。而庖丁的解牛不一樣，他是以神遇而不以目視，這樣就能夠以無厚而入有間，從而游刃有餘。刀用了十九年，還像新磨的一樣。這就是守形和守神的差別。

　　結合以上三焦談到的君相二火，聯繫炎帝開創的兩個文明，這些在針道裏面都有體現。為什麼討論相火的時候要談位呢？因為相火的作用與位置很有關係。先以熱能來說，加熱煮飯的過程如果將鍋放歪了位置，那麼火再大也是煮不熟飯的。而在自然界，同一株果樹，向陽一面的果實與向陰一面的果實，味道就相差很遠。而熱在動能上的效應，那更是差之毫釐失之千里了。所以，要想充分發揮相火的作用，這個位是很重要的。也就是説，在相火這個體系，它是位用相應的關係。我想，這亦是領悟三焦法理很關鍵的地方。明白了這一點，我們對針刺為什麼要選穴也就應該能夠理解了。穴的位選對與否，實際上就決定了相火在熱能、動能、變化等諸多方面所發揮的效用。黃帝內針很強調阿是穴的尋找，「阿是」實際上就是定位！就是定相！就是確定相火的作用！有關阿是穴的具體內容，我會在以後的相應環節介紹，這裏有意提出來，是為了先有印象。

　　所以，從某種意義來説，守形就是調整或者確定相火系統的作用。當然，我在這裏需要強調，大家必須正確看待「下工」這個字眼。下工不一定不好，下工不一定就水平低。《老子》明確指出：「貴以賤為本，高以下為基。」所以，應該把守形視為基礎，因為如果離開了相火的作用，我們不可能有這個身體。

　　以上我們強調守形，強調基礎的重要，因為這是下手處。但，守形並不妨礙我們追求守神，作為中醫人，這畢竟是我們的方向。而實際的情況，形神並不矛盾，形神本就一

體，形中寓神，神不離形。守神亦即發揮君火的作用，君火的作用特徵是以明，以明與以位是很不相同的。為了感受這個差別，我們以一年四季為例，一年四季其實就是位的變化，隨着位的變化，相火的作用也就跟着變化，而與這個變化相應，我們看到了四時不同的萬物生長狀態，溫度與濕度的巨大差別。那麼，明呢？明並沒有因為位的改變而顯出巨大的差別。只要在白天，只要有太陽，它都一般的明亮。

禪門有云：千年暗室，一燈即明！我想這很形象地描述了君火以明的特徵。換一個角度看，如果是千年冰川，能夠一火即融嗎？！當然是不可能的！從以上這個描繪，我們看到了君火以明作用特徵的暫態性，它幾乎不需要時間，或者只需極短的時間。在針道裏面，尤其在黃帝內針裏面，我們經常會用到「立竿見影」這個成語，竿立在陽光下，竿影會立即出現。那麼，針刺也一樣，針扎進去了，針刺的效果也要立即出現！為什麼呢？為什麼這麼神奇？因為君火本來就神奇！君主之官，神明出焉。因此，考量針刺的療效，能不能立竿見影，能不能猶拔刺也，猶雪汙也，猶決閉也，猶解結也，實在是要看看能否發揮君火的作用，能否實現守神！

## 6. 心

在臟腑裏面，心是更特別的一個。三焦的特別已如上述，僅稍稍地展開，就發現有那麼多的深意，而這些又都與針法密切相關。心呢？我記得劉力紅博士在《思考中醫》裏從

造字的層面談了心的涵義，這是很有意思的現象。中國的文化豐富多彩，文字是一個重頭戲。文字的歷史雖然很複雜，有古文有今文，有這體有那體，但文字的基本精神沒變，那就是能夠載道。像五臟的造字，肝、心、脾、肺、腎，除了心都有月旁。月為太陰之精，從陰陽的角度，月代表陰；從有形無形的角度，月代表有形。在人體裏，肉是有形的象徵，所以，月肉相通。為什麼五臟除心以外，其他四臟都用了月肉旁，唯獨心不用呢？這個問題實際上並不簡單，它是我們文化觀念的一個縮影。有形必有器，有器就有範圍，因此，無形無器也就意味着沒有範圍！沒有範圍又是什麼呢？是廣大悉備！

　　孔子在《論語·為政》裏談到了「君子不器」的觀念，其實不器就是沒有辦法度量，什麼沒辦法度量呢？天之高猶可量，地之廣猶可丈，唯有心沒有辦法度量！在中醫的體系裏，心主神明，而神恰恰就是沒法度量的東西。《繫辭》和《素問·天元紀大論》所載「陰陽不測之謂神」一句，亦是很好的證明。傳統的各行各業最後都講心法，我們由此也就知道，一旦涉及心法，就意味着不可測度，就意味着無限的可能性。為什麼我們喜用神奇一詞？奇就奇在難以預料！

　　在黃帝內針的實踐過程中，有很多有趣的故事。前些年，我每年都會花相當的時間在藏區做義診。一次到青海的貴德縣義診，出現了不少看似不可思議的奇蹟。好幾個失明失聰多年的患者，針扎進去，竟然馬上就能看到、聽到，一

些疼痛的患者更是針到痛除。當地的一位領導，母親是西醫，當他回家將親眼目睹的狀況説與母親後，母親對此表示強烈的懷疑，但對這些熟悉的案例及擺着的事實又無法否定。思來想去，認定必是針中做了什麼手腳。於是吩咐兒子每天偷偷地拿走幾根針，連續好些天，也沒有發現針裏有什麼破綻，最後不得不五體投地，並老實坦白了上述過程。

實在地説，黃帝內針不能包治百病，它也會碰到很多疑難，甚至碰到不能解決的問題。但是，類似上述的神奇，類似上述不可思議的案例，卻是數不勝數，幾乎每一天都在發生。從這些現象，我們既看到了經典所言真實不虛，亦能據此判斷，針道何以在當年是首選的治法。

可以肯定，針道之所以能夠如此，來自於它的守神，來自於它在心上的立意。《素問‧異法方異論》明確指出：九針從南方出。而南方心所主，看來絕非偶然呢！心除了主神明，靈性亦為心之功用的一個寫照。《黃帝內經》分《素問》、《靈樞》兩部，而《靈樞》以談針道為主。論針而以靈樞為名，其於心之立意，是很突顯的。因此，欲要習好針道，心法實是難以避免的字眼。

心法之不可測度已如上述，不可測度意味着一定程度的不可教授。一方是不可教授，一方是難以避免，叫人如何是好？！所以，一旦到了這個層面的教習，就一定是功在針外了。功在針外，實則是德在針外。傳統的各行各業為什麼那麼強調品行、德行？為什麼那麼強調積功累德？其實都是為

了心法做準備。那麼，中醫的德是什麼呢？是大醫精誠！是如何體仁！因此，這又回到了做人的問題，人成則醫成，人成則針成，人沒有做好，針道一定上不了境界。談到這裏我們應該明白，上工這條路怎麼走出來呢？必須這樣才能走出來！

## 7. 同氣相求

　　三才既是黃帝內針的理法，也是它的方針。尤其是方針部分，我們會在今後的應用環節慢慢呈述，讓大家漸漸能夠感受到中國文化和中醫的一以貫之。而將三才之道落實於理、法、方、針各步，其最重要的一個原則，就是同氣相求。

　　同氣相求，是《易經》在法理上的一個重要概念。它出自《周易》乾卦文言的九五，其曰：「同聲相應，同氣相求。水流濕，火就燥，雲從龍，風從虎，聖人作而萬物覩。本乎天者親上，本乎地者親下。則各從其類也。」到了《繫辭》，孔子則將這一概念表述成：「方以類聚，物以群分。」

　　由以上的不同表述，我們可以體會到同氣的涵義是相當寬泛的。我們常說的「一方水土養一方人」，其實道的就是同氣。而同氣自然相求！所謂相求，也就是相互給力，相互幫助，相互成就……一方水土養一方人，這是同方同氣相求；水流濕，火就燥，這是同性同氣相求；本乎天者親上，本乎地者親下，這是同位同氣相求；四氣之所以調神，是同時同氣相求；飛龍在天，利見大人，這是同名同氣相求，等等，

不一而足。再如朋友，古云：同門為朋，同志為友。同門同氣，同志同氣，這實是再典型不過的同氣相求！相求要在有應，為朋友兩肋插刀，江湖中的同氣相求若是合乎道義，往往膾炙人口，流傳千古。

如上所述，同氣相求，要在有求必應！這是黃帝內針取穴定位的不二原則。取穴能否效如桴鼓？能否立竿見影？全在同氣相求上！在黃帝內針體系，同氣相求又叫求同氣。同氣求準了，自然是有求必應。同氣求不準，往往石沉大海，杳無音訊。所以，就整個黃帝內針而言，在法理上，我們明瞭同氣相求是為了有應；在技法上，求同氣就要精益求精。所謂求同氣，就是求病證的同氣，病證在哪裏？在三才的哪一部？隸屬於哪一經？這個能夠確定後，那麼治也就確定了。治就是取同氣，病證在哪一部，治所取的穴就在哪一部，病證在哪一經，治所取的穴就在哪一經。因此，辨證實際上是明氣，施治實際上是求同，若我們能將這各各不一的「同氣」融會貫通，進而處處在在都能找到同氣，信手拈來，便就有求必應了。

## 二、一陰一陽之謂道

本章的開首，我談到了黃帝內針的法理不離陰陽，但上一章卻沒有直接從陰陽而從三才來切入，實在而言，中醫、中國文化可談的部分，可以討論的東西，離開了陰陽便沒有

別的了。所以，今後我們不論談什麼，始終是離不了陰陽的。

就如我們剛剛用到的「東西」兩個字，這兩個字或者說這個詞是口語化的代表。它幾乎包羅萬象，可以指代任何事物。比方人這個東西，中醫這個東西，西醫這個東西，天地這個東西，萬物這個東西，針刺這個東西，咖啡這個東西……一切的一切，可以言說出來的，我們幾乎都可以用這個「東西」！東西為何如此神通廣大，無所不包呢？因為東西不過陰陽而已。東陽西陰，所以，東西這個詞實際上是陰陽口語化的代言詞。連這一點我們如果也清楚了，那麼，也就知道上面所說的並非虛語。

## 1. 道可道

孔子在《繫辭傳》中，說了一段很深切的話：「一陰一陽之謂道。繼之者善也，成之者性也。仁者見之謂之仁，知者見之謂之知，百姓日用而不知，故君子之道鮮矣。」這段話是耐人尋味的，展開來看，確實當得起「廣大悉備」。一陰一陽之謂道，道與陰陽相關。醫以道言，針也以道言，謂之醫道、針道，甚至各行各業都言道，這都是與陰陽脫不了關係。

但是，道可道，非常道。道有可言說、可討論的範疇，又有超越言說、不可言說的範疇。如果我們將可言說、可討論的部分定義為道所展現的作用，那麼，不可言說、不便討論的就是道的本身。若從這一角度看，陰陽即是道作用的總括，而這一作用無時不由道中展現，悟了的無非是知道了作

用的來源，沒悟的卻只能始終在作用中打轉。中國文化之奧妙無窮，中國文化之頭頭是道，恐怕亦就是在這個地方。

《素問．陰陽應象大論》之開首，黃帝即云：「陰陽者，天地之道也，萬物之綱紀，變化之父母，生殺之本始，神明之府也。治病必求於本。」從黃帝列出的這一個陰陽清單，我們似乎看不出還會遺漏什麼。天地之道、萬物之綱紀，在宏觀上包攬無餘。而變化之父母、生殺之本始，則在微觀上兜了底。一切的變化，好的變化，壞的變化，健康的變化，疾病的變化，都是陰陽所生。生殺其實也是變化，是比較粗大的變化。既然變化都由陰陽所生，那麼，改變陰陽、調整陰陽，當然就會影響變化。所謂治病必求於本，一般的理解就是治病必須求到陰陽的層面，求到了這個層面，才叫治本。沒有求到這個層面，自然就不是治本。

治本也就是說，無論從宏觀或是微細，我們都找到了它的本始，找到了它變化之由來。所以，中醫治療的層面實際上就成為一個十分關鍵的問題。為什麼用藥的，我們強調理、法、方、藥？用針的，我們強調理、法、方、針？因為在方藥或者方針的層面，我們很容易流於經驗，這個方子治頭痛很好，那個穴位治牙疼很棒。治病不能沒有經驗，但如果治病流於純粹的經驗時，經驗就很容易被濫用。其結果變成這幾個頭痛、這幾個牙疼，用這個方子好了，扎這個穴位有效，而另幾個完全沒有作用。所以，治病必須捋到法理上，到法理上，也就靠近陰陽了。回顧中醫的歷史，漢以後

才有流派形成，但是，流傳得最廣的，還是非傷寒莫屬。為
什麼呢？我想根本的原因是，六經辨證在天然上它就靠近陰
陽。本來針道其實也有這個優勢的，因為穴位都立在經絡
上，經絡都立在陰陽上。可是走着走着，就走到了穴位的主
治功用上，忘記了經，忘記了陰陽。我想這亦是針道所以衰
微的內在緣由。

　　當然，這裏我們還需關注一個細節，「治病必求於本」這
一句，它放在了「神明之府也」的後面，而由此句可以看到一
個清楚的介面：陰陽與神明的關係。儘管陰陽可以作為天地
之道，萬物之綱紀，變化之父母，生殺之本始，但是到了神
明這裏，它僅僅只是一個「府」而已。府也就是神明的居住之
處，這個府很好，神明願意住，便有了形與神俱的基本條
件，便有了健康，便可以盡終天年。但，如何去評價這個府
的條件？如何神明才住得安然？是二居室還是三居室？還是
必須豪宅別墅？這恐怕不一定是府能夠回答、陰陽能夠回
答，而要問問當事人。這就牽涉到中國文化的生命觀，關係
到形而上形而下，因此，醫不是一個簡單的問題，治本也就
不單單限於陰陽了。

## 2. 陰陽究竟説了什麼

　　陰陽包羅天地萬物，涵括變化生殺，但，它究竟説了些
什麼呢？翻開《內經》，除了上述之外，我們還可以看到，男
女是陰陽，氣血是陰陽，左右是陰陽之道路，水火是陰陽之

徵兆，還有前後、上下、內外也都不離陰陽。因此，概括起來，陰陽恰恰講的是不同，是異。或者說，最基本層面的不同，最基本層面的異，就構成了陰陽的要素。如果用另一個學術一點的語言來描述這個基本的差異，那就是相對或對立。顯然，世界，乃至任何一個事物，包括生命，都是因差異，因相對而呈現的。

以我們自身及我們身邊的日用為例，哪一個人，哪一件事物，離開了陰陽？沒有男女（父母）不能生人，沒有雌雄不能成物，沒有內外不能成器，沒有前後不成距離。我們走路需要腳的起落；生命的維繫，需要呼與吸，以保持氣息；需要食入食物及拉出大小便，以保證營養；需要作與息、動與靜，以保持生命的節奏合乎自然。再說一件物品，大小是它的陰陽，大小變了，物品就變了。長短是它的陰陽，長短變了，物品也變了。擺設位置的高下、左右都是陰陽，這些變化了，物品的意義也會跟着變化。而諸多變化的累積，便構成生殺。細細回味，任何一個變化都沒有離開陰陽，如果能夠把握陰陽，也就能夠把握變化，進而把握生殺。如果我們能夠把握男女，把握氣血，把握動靜、出入、升降，那為什麼不能把握生命的變化呢？促使生命的變化朝向人類的理想，我認為這就是醫者的責任和使命。

所以，陰陽的問題我們需要先把它平實化，不要一開始就將它推向高不可攀、深不可測、變幻無窮，若推到這，便就無從下手了。我們這幾十年的中醫教育，多少是犯了這個

毛病。所謂平實，我們可以先從煮一鍋飯、炒一道菜開始。比如多少算不算相對呢？算相對，那它就是陰陽。我們的水放多一些或放少一些就構成了陰陽的不同，這個不同就會帶來或乾或稀的飯的變化。炒菜放多一勺鹽或放少一勺鹽也是不同的陰陽，而由這個陰陽的不同，菜的味道可令我們美味多多，也可令我們難以入口。再進一步，位置上的變化，前後左右是不是陰陽？都是陰陽。所以，如果位置的前後左右不同，陰陽也就不同，那麼，產生出來的變化、作用、影響都會不同。針刺為什麼要審穴？就因為穴位不同，它的陰陽就不同，產生出的變化和影響就不一樣。黃帝內針與現今流行的諸多針法相較，在技法上它不行針，不追求針感，甚至完全不講迎隨撚轉補瀉，這恐怕是一個重大的、也是易於引起爭議的差異。然而，只要取穴得當，入針便有桴鼓之效。這便是因為位的不同已經有了陰陽的不同，已經具備了變化的條件。

參明了陰陽，一個位上的改變就連帶着陰陽的改變，而一旦牽涉到陰陽，它就不孤立了。它是天地之道，是萬物綱紀，足可以觸一發動萬機。為什麼有時候一根針扎對了，它會效顯神奇，它會出乎意料？一根針有那麼大的作用嗎？不！一根針很普通，但，一根針若觸及了陰陽，它就連帶出天地、萬物、變化、生殺，就連帶着一切的可能性。是這些可能性在作用我們，而非僅限於一根根普通的針。當然，如果沒能慮及陰陽，那麼，一根針也就僅限於一根針，它不過

刺破皮膚，刺入層層組織，引起小小損傷而已。因此，針道必要參究到這個層面，也只有在這個層面，才有治本的基礎。

　　陰陽雖是平實，但，步步皆有陰陽，如何於此平實而繁雜之中，領悟要旨呢？《素問‧陰陽離合論》有一段簡約的說明：「陰陽者，數之可十，推之可百，數之可千，推之可萬，萬之大不可勝數，然其要一也。」這個一是什麼呢？就是三才，就是三焦，就是三陰三陽。陰陽縱有千變萬化，亦都不離其中。這需要我們在自己身上，在日用中，慢慢研習，漸漸地熟能生巧。

## 3. 萬物負陰而抱陽，沖氣以為和

### (1) 五術與全科

　　中醫治病有許多的方法，但，千法萬法都不離陰陽，這是定則。所謂：謹熟陰陽，無與眾謀。不僅診法如此，治法亦如此。如《素問‧異法方宜論》舉出了砭石、九針、毒藥、灸焫、導引按蹻這五種常用的治法，我們可以稱其為中醫的五術。術雖分五，但都是圍繞如何調攝陰陽而展開，離開了這個原則，也就不能稱之為中醫的術了。因此，不管行業內外，其實都可以用這個原則作為衡量標準。

　　所謂五術，即是中醫的全科。今天我們將全科定義為心肝肺腎，定義為內外婦兒，從中醫的角度看，這些不能謂之全科！一個稱職的中醫，不可能會看心臟的病而不會看其他

臟的病，也不可能會看男人的病而不會看女人的病。中醫人
所受的最基本的訓練，是整體觀、是辨證論治，在這樣的訓
練下，能治一個病就能治一百個病、一千個病，能治一臟的
病，就能治所有臟的病。因為萬病不離陰陽！所以，現在我
希望大家能夠把認識調整過來，中醫的全科是指五術俱全。
你可以根據需要選擇砭石，你也可以根據需要選擇針刺，依
此類推。而不是需要針刺的，推到針灸科；需要刮痧的，推
到砭石科；需要吃中藥的，推到中醫科。這些都是中醫，都
可以在一個科裏解決，這才叫全科！

從更根本的層面說，中醫就是為全科而準備的，因為它
在理上是貫通的，五術皆出一理，就是陰陽。這一點需要提
請特別的注意，因為現代科技的分析觀念，它呈現在運用方
面，就是分科越來越細。過去我們常說隔行如隔山，今天不
是了，今天是隔科隔室就如隔山了。這樣一來，一個心臟一
個脾胃都老死不相往來，還說什麼整體觀呢？完全沒有了！
所以，我在這裏傳講黃帝內針，大家一定不能僅僅當針道來
聽，這裏面一定是全科的，針道明白了，其他的自然也會
明白。

## (2) 致中和

既然萬病不離陰陽，五術皆原一理 (陰陽)，那麼，我們
如何來調攝這個陰陽呢？先讓我們回到《道德經‧四十二章》
裏。老子在這一章揭露了一個很重要的發現，其謂：「道生

一，一生二，二生三，三生萬物。萬物負陰而抱陽，沖氣以為和。」第一章的時候，我記得跟大家作過交代，我是搞地質出身，所以，當我看到這段文字的時候，自然會有一些不一樣的感覺。一般的理解，道生一，一是什麼呢？是天，順下去，二就是地，三就是人，三才具而有萬物生，這是順理成章的。當然，還有另一種理解，一是什麼呢？是陽，二是陰，從奇陽偶陰的角度，這也完全講得通。那麼，三呢？一加二等於三，陽加陰等於什麼呢？等於即陰即陽，等於非陰非陽，等於陰陽和合！思行於此，專業上的素養，讓我想到這是一段與宇宙起源有關的文字。

有關宇宙的起源，現在公認的說法是大爆炸理論。爆炸使我們聯想到諸多傷人毀物的畫面，也使我們想到當今世界諸多工程的奇蹟。怎麼爆炸還會創生宇宙呢？我們實在無法也不用去細想這樁事，把它交給霍金先生好了。而對於有關「宇宙常量的一致性」的概念描述，倒是作為一個中醫人應該去思考的。在歐文·拉茲洛的《全球腦的量子躍遷》一書中這樣記述道：「若宇宙的早期膨脹速率比正常小十億分之一，則宇宙將幾乎瞬間大瓦解；若速率快於十億分之一，它會因為太快而最後只生成稀薄冰冷的氣體。」諸位！當我們看到這一段文字，會有什麼樣的感受呢？十億分之一是什麼概念？它太微不足道了吧！然而，正是這樣一個太微不足道的差異都沒有，才有形成我們今天生活着的宇宙的可能！宇宙的誕生是多麼多麼的不易，我們應該珍惜它！

　　然而，是誰讓宇宙最初的膨脹速率不慢這十億分之一？也不快這十億分之一呢？現代科學的回答是，宇宙中存在着一種叫作「一致性」的常量，是這個一致性常量確保了宇宙早期的膨脹速率恰到好處，從而確保了宇宙的誕生！那如果我們要再往下問一句：宇宙常量的一致性是誰給出的？恐怕大多數科學家會一致地回答：上帝給出的！

　　這個問題雖然是個超越常識的問題，但是作為中醫人，仍然是應該去思考一下的。否則，我們如何去向黃帝交代他所開出的陰陽清單有沒有問題？既然陰陽能夠作為天地之道，萬物之綱紀，變化之父母，生殺之本始，那麼，它就應該在此處有個說法！宇宙的大爆炸產生了宇宙早期的極速向外膨脹，如果借用濂溪先生《太極圖說》中的描述，這應當是「太極動而生陽」的過程。因為向外的膨脹鐵定為陽！雖然，濂溪先生在之後的描述中說：「動極而靜，靜而生陰。」但是，陰陽的相對性、相隨性、相依性告訴我們，靜不會待動極才生，陰不會待陽極才有，而是立時即生，立時即有。隨着向外極速膨脹的陽的產生，這或許就是道生一的過程，向內收縮或者說遏制極速向外膨脹的陰亦就相伴而起，這或許可以理解為一生二的過程。當陰陽交相作用，作用的結果使得宇宙膨脹速率不慢於十億分之一，也不快於十億分之一的時候，宇宙便得以誕生！這或許就是二生三、三生萬物的過程。這看上去很簡單，不複雜，因為大道本就不繁。

　　由這裏，我們似可以看到三在中國文化裏的不共（按：即

特殊、與眾不同）之處。三含有二也含有一，但卻不是簡單的一和二的累積。可以說，三既融合了一與二，卻又超越了一與二。三出自一二，與一二同根，與一二同氣，同根同源，同氣相求。三的這些特質，造就了它即陰（二）即陽（一），非陰非陽，超越陰陽，和合陰陽的不共特徵。所以，到了三便有宇宙的誕生，萬物的出現。也可以說，這個三就是宇宙的常量，就是一致性的代言！

宇宙常量的一致性促成了宇宙的誕生，促使了萬物的出現，此刻我突然想到了在中國文化裏有另一個與此十分相近的描述，那就是出現在《中庸》的「致中和，天地位焉，萬物育焉」！

### （3）陰陽自和者必自愈

過去的一年裏，劉力紅博士在很多不同場合下講了同一個主題，就是：中醫的基本精神。這個精神是什麼呢？是中和！他談到這樣一個看法，如果我們只能用一個字來概括中國的文化，包括中醫，那麼這個字就是：中！如果可以用兩個字，那麼這兩個字是：中和！如果可以用四個字，那麼這四個字是：中正平和！我很認同上述這個看法，也希望大家能夠對此有所關注。因為對於黃帝內針而言，這是很真切的。甚至可以毫不誇張地說，這幾個字是黃帝內針的主軸，是中醫的主軸，中醫人所幹的一切，都是圍繞着這個主軸展開的。

　　上面談到宇宙常量的一致性，是它確保了宇宙早期的膨脹速率恰到好處，從而確保了宇宙的誕生。這個恰到好處用《中庸》的語言就叫「中節」，中節的狀態也叫「和」。本來陰陽的作用就是相對的，說得更直白一點是相反的，一個要向外膨脹，一個要向內收縮。相對相反的東西總有些互不相讓，看看今天的世界，不就是這樣嗎？為什麼在這個關頭，在這個節骨眼上，它能夠中節？它能夠處和？它能夠恰到好處？因為有中的作用！中的作用天生就是致和。至於中為什麼能夠致和？我們會把它交給道，交給天，而不在這裏深論。

　　陰陽的相對性、陰陽的矛盾性如果沒有離開中的作用，那麼，它的結果是由對立走向統一，由矛盾走向協和，這在中醫可以稱之為平人的狀態。平人就是平和之人，或和平之人。《素問・平人氣象論》曰：「平人者，不病也。」不病亦即健康的狀態。由此我們也就看到了，《內經》討論健康與疾病是從陰陽這個層面着手的。陰陽層面出了問題，就會導致疾病，而這個問題的癥結就是不平。不平亦即不和，當然這個問題如果出現在宇宙的早期，宇宙誕生的這件事也就不會發生。

　　由此我們亦更清楚了，為什麼《素問》在談到治療的時候要反覆強調：無問其病，以平為期。無問其病，就是不管你是什麼病，是感冒發燒還是腫瘤，原則都一樣，都是「以平為期」！這一點也可說是中醫很特別的地方，或者是中醫最不易為西醫理解的地方。我前面在談到全科的時候，提及過這個

問題，一位稱職的中醫，當他能夠治療感冒，那麼，他也就能夠治療腫瘤。當然，難度上會有差異，但，理法上，甚至方藥、方針上，都沒有差異。如果認為不一樣，認為有差異，那麼，實際上他已然離開中醫的本位了。他可能以為像腫瘤這麼嚴重的病，西醫都要上放化療了，中醫不應該也有些特別的辨證方法嗎？其實沒有！都一樣，都是以平為期！所以，當一個感冒的病人需要用桂枝湯時，我們給他用桂枝湯，而當一個腫瘤的病人患的是桂枝證，我們一樣的也要用桂枝湯！

有關上述這個原則，在醫聖張仲景《傷寒論》的第58條有一個類似的提法：「凡病，若吐、若下、若發汗、若亡血、若亡津液，陰陽自和者必自愈。」仲景在這裏也很肯定地指出了「凡病」，就是不管你什麼病，不管你用什麼方法，只要能夠實現陰陽自和，那就一定會獲得痊癒！剛剛我跟大家舉了桂枝湯，為什麼桂枝湯被譽為群方之祖？為什麼桂枝湯在《傷寒論》裏面有最為廣泛的運用？就因為它在和合陰陽上有特殊的立意。黃帝內針同樣也不能離開這個原則，我們取穴下針的唯一目的，就是實現陰陽自和。陰陽自和實際上就是以平為期，那麼，平自哪來？何以自和？因為有中，有中則能平，有中則有和！

接下來，我們再回到《道德經》上述原文的下一句：「萬物負陰而抱陽，沖氣以為和。」宇宙初始的極速膨脹被我們定義為陽，緊接着一個與膨脹相對的力量被定義為陰，這個態

勢或格局用「負陰而抱陽」來描繪，是相當符合的。其實，不僅宇宙初始如此，萬物的構成也都是這樣。那麼，負陰而抱陽的態勢何以恰到好處？用《內經》的話來說，就是何以做到「陰平陽秘」？從而既不塌陷，也不因過於膨脹而走向分離。這便是「沖氣以為和」的作用。沖氣是什麼？怎樣能「以為和」呢？這裏可有不同的理解，沖氣亦即衝突之氣，其實質就是陰陽。沖即是冲，冲亦為和，故亦有冲和之謂。而我更喜歡在此處直下承擔，冫是為陰陽，是為相對，是為矛盾衝突，那依什麼才能化解呢？只有中！中則有和，這便是沖（冲）意所在，亦就是沖氣何以為和之根本！

　　透過上述這些討論，我們知道了陰陽於萬物、於生命、於健康的重要性，這個健康來自有和，而和來自於中。它是這樣一條線路，這條線路能夠弄清楚，再往下走，就好辦多了。

## 4. 本末

　　中國文化裏面，中醫裏面，處處都是陰陽，這個可能已經不是問題了。但，即便處處都是陰陽，這陰陽之中仍有許多的說法。就以本末而言，前面我們談到中醫強調治本，而治本就必須觸及陰陽的層面。為什麼治本一定要涉及陰陽？這關係到我們對本的理解。本是與末相對的一個概念，即便這個概念的本身仍是有陰陽可分。本之與末從造字結構來看，就只一橫的差別。一橫在下是為本，一橫在上是為末。

在下的是根，在上的是枝葉。枝葉由根生長而來。亦即根為先，枝葉為後，在先者為本，在後者為末。本末的原則實質由先後來確定。由於後由先生，先決定後，改變了先便決定了後，影響了先便影響了後，先若治，後必隨之而治。這其實是治病為何要求本的所以然。用《大學》開首的一段話「物有本末，事有終始，知所先後，則近道矣」來看，治本實則是知先後，治本實則近道矣！

談到這裏，就有一個很重要的問題要提出來，就是臟腑的問題。臟腑本身可分陰陽，臟為陰，腑為陽。臟腑雖分陰陽，但畢竟已屬於形器的範疇。《內經》在談及形與氣的時候，很明確地指出了氣聚而有形的路徑。若從先後來看待，則氣為先，形為後。而老子在《道德經·四十章》則云：「天下萬物生於有，有生於無。」從有無而言先後，則無為先，有為後，應是定論。當然，若嚴格來說，上述的形氣皆都是有的範圍，不過若從有中再分有無，那氣還是靠近於無的。而從陰陽來論有無，從陰陽來論形氣，那又可說氣為陽，形為陰，有為陰，無為陽。如此則陽先陰後又成定局。

剛剛談到臟腑可分陰陽，乃是從形質中去判陰陽，這是《內經》常常提到的「陰中有陽，陽中有陰」。所謂「數之可十，推之可百，數之可千，推之可萬，萬之大不可勝數」即是言此。而從《素問·陰陽應象大論》的「變化之父母，生殺之本始」的角度，陰陽似更着重於父母和本始的角色，用上面的話說，就是更側重於先的角色。這樣，我們談論陰陽，也就往往在氣的層面為多。

　　以上這些，我在來來回回地兜圈子，兜本末，兜先後，兜有無，兜形氣，為的是什麼呢？為的是要說明，中醫這個體系有一個很重要的特徵，即從臟腑和陰陽來論，它更強調陰陽；從形與氣來論，它更強調氣；從可見（有）和不可見（無）來論，它更強調不可見。清末名醫鄭欽安先生在他的《醫理真傳》中說：「五臟六腑皆是虛位，二氣流行，方是真機。」這句話看上去是非常震撼的，但，細細推究，仍是不離先後本末。這實在是與現代人相去太遠的看法！現在說個臟腑、說個心啊肺啊什麼的，還靠譜，若是提什麼陰陽、談什麼氣，那還不子虛烏有了！而作為中醫人，這個觀念卻必須擺正，我們眼中甚至可以沒有臟腑，但，一刻都不能沒有陰陽！

　　由於現代醫學的普及，人們生活的語境基本都西醫化了，這無疑也大大地影響了現今的中醫人。有個什麼問題，病人會直接問：醫生我這個心臟病怎麼治？我這個胃病怎麼治？或者一大堆的檢查後，報告出來了，告訴你心臟有問題、肝臟有問題、血糖高了，這對中醫來說，等於是給你下了套，可我們現今的中醫沒幾個不往裏鑽，這一鑽，中醫的本來必定迷失。我在這裏是想很嚴肅地告訴大家，如果我們想學習黃帝內針，更進一步想學好黃帝內針，這個圈套尤其不能鑽！我們還得老老實實，回過頭來走辨證論治的老路。不管他是什麼病，也不論西醫查出了什麼樣的指標，這些統統都得放下。《傷寒論》16條有這樣的十二個字：「觀其脈證，知犯何逆，隨證治之。」劉力紅博士稱其為仲景的十二字薪傳。我認為這也是黃帝內針的十二字薪傳！它的落腳是隨證

(症)治之，而不是隨病治之，更不是隨指標治之！所以，證是中醫的眼目，是中醫人的下手處。因為只有證才能告訴我們真正的「病」在哪裏，陰陽在哪裏，本在哪裏。

我舉一個簡單的例子，比如一個胃痛的病人，我們可以了解它相關的現代資訊，例如它是胃潰瘍？它是十二指腸球部潰瘍？它是膽汁反流性胃炎？它是胃竇炎？甚或它是胃癌？了解這些有什麼好處呢？它可以大致幫助我們判斷治療的難易程度。這個可能需要相當的時間，而那個也許一二次就好了。這些資訊的意義僅此而已，它不能幫助我們確定真正的問題在什麼地方？我們真正需要的是「知犯何逆」，比如這個痛在胃脘部，是偏左還是偏右？或是居中？有沒有牽扯到背部？如果是偏左，那麼說明病在陽，陽病就要治陰。偏左的範圍有多大？是偏到了陽明？還是偏到了太陰？甚至到了厥陰？如果還牽扯到背部也痛，那麼太陽也有問題了。所以，一個胃痛，我們可能不在乎你有沒有幽門螺旋桿菌，有沒有腸上皮化生，但卻很在乎你是犯到陽明、太陰、厥陰，還是波及了太陽，或者只限於任督的區域。因為只有知道了這些，我們才知道陰陽，才能夠求本，才能找到下手之處。如犯了陽明，亦即證涉陽明的區域，那我們要從陽明去求同氣，按照以右治左的口訣，我們可能會取右手的曲池；如犯及太陰，那可能會加取右手尺澤；若波及太陽，那麼小海就會在考慮之中。這裏需要強調的是，我們並不一定得看曲池、尺澤、小海在主治功用上能否治療胃痛，這些完全不必

在意，只要它在口訣之內，只要它符合陰陽的法則，只要它符合同氣相求，那麼，它就會生出這些功用。如果離開這些原則，即便這些穴位原來有這些功用，它也會失效。這看上去有一點像是隨心所欲，但隨心所欲卻不逾矩！這是隨證治之的根本意義所在。所以，作為中醫人，一定得知道本末，切不可本末倒置！

## 5. 黃帝的精神

### (1) 土德在中

我們在這裏傳講的針法叫「黃帝內針」，通過以上討論，大家或多或少都應該感受到它在理法方針上與《黃帝內經》的密切關聯。但，此處需要更進一步深入的是，黃帝不僅僅是《內經》的限定詞，她還是我們整個華夏民族的限定詞，乃至中華一切文化的限定詞。也就是說，中華幾千年的人文都與黃帝有關，都滲透着黃帝的氣息。我們號稱炎黃子孫，而黃帝被奉為中華文明的初祖，所以，對於黃帝及其精神，是不可以不了解的。

在上一節的討論中，我跟大家談到了炎帝，炎帝的這個稱號源自火德。究竟炎帝是一個真實的人，一個真實的上古部落首領，一個有熊氏同父異母的兄長呢？還是火德人格化的象徵呢？我們今天不去討論這個話題，要討論也無法討論清楚。同樣，對於黃帝，我們也不去牽涉上面的問題。黃帝

的稱號源自土德，因此，要想認識黃帝，要想認識黃帝的精
神，連帶認識與其相關的整個中華文化，恐怕都不能離開
土德。

土德是什麼呢？認識土德只能由土入手。土是五行之
一，是農民最熟悉不過的東西。五行的木、火、土、金、水
是中國文化裏特有的元素，《素問・上古天真論》中，談到：
「上古之人，其知道者，法於陰陽，和於術數。」這裏的術數就
離不開五行。也可以說，五行實際是陰陽的展現，陰陽要落
地，就離不了五行。在五行裏面，大家很熟悉的觀念就是生
克，生是連帶，木生火，火生土，土生金，金生水，水生木，
周而復始，循環往復。克是隔帶，木克土，土克水，水克
火，火克金，金克木，仍就是周而復始，循環往復。所以，
從以上這些關係中我們可以看到，整個中華民族、中華文化的
炎黃譜系，屬於火土的連帶關係，是火土合德的結果！

五行是陰陽的展現，具體來說，陽的展現是為木火；陰
的展現是為金水。木為陽中之陰，火為陽中之陽；金為陰中
之陽，水為陰中之陰。那麼，土呢？土在這裏沒有位置嗎？
它是陰還是陽呢？談到這裏，大家應該能夠記起我們之前講
到的「三」，講到的即陰即陽、非陰非陽，以及宇宙常量的一
致性，以及致中和。我想這些與土都有很密切的關係。如果
說，五行是陰陽的展現，那麼，五行裏面特意安立的土，即
是和合陰陽的重要源頭——中的展現。中的更深一面，已然
涉及形而上的道體，不是我們在這討論的範圍。但是，中的

作用卻可以通過土的諸多方面得到體現。為什麼土位正好安置在五行之中？左臨木火，右臨金水。為什麼五行五方的配屬，土居中央？中醫甚至直呼中土。這些都提示了土與中的直接關聯。因此，我們說土德在哪呢？就在中裏面！在中正平和裏面！甚至我們也可以說，華夏的民族以及中華的文化，就是由土德展現出來的。

土德在中，土德在正，土德在平和，這裏面的內涵非常豐富。從事理應用的層面，我們可以舉脾胃為例，脾胃屬於中土，二者相依，互為表裏。前面我們曾經談到健康不病的基本條件是平人，如果要更具體一點來談平人，這就需要聯繫到脾胃。如《素問》在〈平人氣象論〉這一篇專論中說到：「平人之常氣稟於胃，胃者平人之常氣也，人無胃氣曰逆，逆者死。」進而「有胃氣則生，無胃氣則死」！將胃氣提到這樣的高度，除了胃是受納水穀之器，人不能不賴食為生外，更重要的因素是它的中土屬性。它的中土屬性致它有和合陰陽的本能，其與飲食相比，則是更深層面、更根本層面的生之本。否則，了解一些西醫的朋友們就會說話了，大多胃大切除的病人不是活得挺好嗎？怎麼沒見無胃則死呢？！無胃這個有形的臟器可以不死，是因為胃氣還在，中正平和之氣還在，和合陰陽之氣還在。如果這個氣沒有了，那是肯定活不成的。

所以，我們研究黃帝的精神，研究土德，就知道它在中醫裏面的甚深要義。土德是構建生命的基礎，有土德則生，無土德則死。若從臨證的角度，生了病不要緊，只要土德還

在，就有救治的希望。因為有土德就有陰陽自和的可能，而
「陰陽自和者必自愈」！所以，臨證療疾治病其實就是為了維
護土德，這亦是以平為期的真實意。而在針道裏，土德雖然
無處不在，但，集中的體現還在太陰陽明裏。為什麼歷代針
灸都很看重足陽明的三里穴？甚至有「若要安，三里常不乾」
的口訣。其實就是注重土德養護。可以說，如何養護土德？
如何維繫土德？如何使衰敗的土德重建？是黃帝內針的竅中
之竅，訣中之訣！

土德是廣泛的，五常中的信是土德，八德中的孝也是土
德，所以，我們不僅僅只是用五術來養護土德，用針用藥當
然可以很好地營建土德，比如上面的足三里，比如《傷寒論》
的大小建中湯。但，我更想跟大家說的是，不怨能夠維護土
德，和氣能夠維護土德，而且這個維護的層面更深、更徹
底！因此，健康就不單單是醫生的問題，更重要的環節其實
是自身，這一點大家務須明白。

### (2) 因果不虛

土德在中，維繫土德其實就是開發中的作用，中的作用
展現，就能正氣存內，邪不可干。正氣存內，就能平人不
病，即便生病，也將陰陽自和者必自愈。因此，如何維繫土
德，開顯中用，實在是黃帝內針的重頭戲。我們每一針扎下
去是否能夠靈驗？是否真如拔刺、雪汙一般，其實就看這個
中能否開顯出來。上一章的開首，我談到了本門針法的至簡

至深，至簡是技法，至深就必須於「土德在中」裏去挖掘。

有關土德，我這裏想從另一個層面來討論，比如因果的層面。從這個層面言，當過農民的就會有很深的感受，現在正值春季，相當多的農作物都要在這個時候播種，到了夏秋才有收穫。如果我們仔細地考量一下這個過程，一個農作物要想收穫，要想得到豐碩的果實，大抵由三方面的條件決定。其一，是種子；其二，是播種之後的耕耘護養以及天時地利；其三，才是果實。本來果實已經不能作為條件了，但，要考量來年的種子仍由此果實中出，那麼連帶的關係也就存在了。

如果我們把種子作為事物發生的因，把種子生長過程所需的諸多條件作為事物需要的緣，把經歷上述環節後達成的收穫作為事物的果，那麼，因、緣、果，實在是再通俗不過，也是最接地氣的土德。其實，不僅僅是農作物，萬事萬物包括人事，都是這個土德的呈現，都是在土德關照下的因、緣、果的歷程。只是現代的人因為缺乏對土德的認識，沒有土德的教養，一談因果，便將它與迷信扯到一塊。這哪是迷信呢？如果這也成了迷信，那我們整個的中華民族就是吃迷信長大的民族！炎帝給我們的智慧到哪去了？炎帝給我們的光明到哪去了？

因緣果簡稱因果，是真實不虛的法則。中醫的方方面面都沒有離開過它。我這裏舉一個大家很熟悉的例子，就是2003年的非典。非典由南至北，到了北京的時候，「白色恐

怖」幾乎籠罩了整個京城。人人都帶着大口罩，平素擁擠不堪
的街道也幾乎成了空巷。在南方，尤其在廣州，因為鄧鐵濤
老前輩和諸多鐵桿中醫的第一時間介入，使該病的死亡率大
大降低，廣州中醫藥大學第一附屬醫院為零死亡率。中醫對
非典有這麼好的療效，但，不少的城市卻遲遲沒有中醫介
入。因為西醫的同仁們認為，非典的病原是什麼？非典發生
之初，我們傾了全國之力都還弄不清楚。弄不清病原，就無
法出台殺滅病原的措施，也無法構建免疫治療。你們中醫知
道什麼？知道什麼叫SARS嗎？從現代醫學的角度，這樣的置
疑完全合乎情理。不過，若從因果的層面，中醫能夠治療非
典亦完全在情理之中。

由上述的因緣果我們知道，從健康角度講，如果把健康
視為一個結果，那麼，獲得健康既需要健康的因，也需要健
康的緣。人生真正健康的因從何而來？這是非常複雜的一個
問題，這關係到我們對生命的認識層面。如果淺層來說，這
個因與父母有重大的關係，而一旦因種下以後，就是緣在起
決定的作用了。《上古天真論》開首的二十字養生真言中說的
「法於陰陽，和於術數」，這裏面有因的成分，之後的「食飲有
節，起居有常，不妄作勞」都講的是緣的層面。所以，對於成
了人的我們來說，要談健康，就只能從緣去入手了。而這裏
幾乎沒有牽扯醫的成分，這是《內經》很明確的健康觀。與今
天許多人將健康寄望於醫院，形成了鮮明對比。

而從疾病的角度，如果我們把已患的疾病當成果，那

麼，這個結果也是由相應的因和緣決定的，單一的因和單一的緣都不足以形成疾病。所以，要想影響疾病，改變疾病的進程，我們除了改變因，也可以改變緣，當然最好能夠做到因緣俱變。從現代醫學的角度，以非典為例，SARS病毒可以看作疾病的因，病毒進入宿主是否引起感染發病，還需一定的致病條件，為什麼現代醫學將致病菌（病毒）前加上「條件」二字呢？如果不需條件就能致病，那麼2003年的中國大地應該屍橫遍野才對。可實情並非如此，得非典的畢竟還是極少數。而上述這個條件，就是疾病所需的緣。因此，對於非典而言，我們可以研究SARS，並進一步找出對它敏感的抗病毒藥物，或者研究出相關的疫苗來預防。同時，我們亦可以去作用它致病的緣，當致病的緣沒有了，SARS也就孤掌難鳴！中醫之所以在完全對SARS不知情的情況下能夠治療非典，就是出於這個道理。

那麼中醫是如何來認識這個緣，如何來改變這個緣呢？就通過辨證論治！當一個病人來到我們面前，他所呈現出來的證（症）就能整體地告訴我們致病的緣（條件），我們再根據這個證去施治，這個緣就能獲得改變，緣獲得改變，疾病的進程也即發生改變，我們期盼的痊癒亦就不期而至了。

辨證論治是很神聖的，在中醫眼裏，他更在乎的是證（症）。證是生命應對異常的直接呈現，相比之下，病則已然經過了概念的邏輯加工。對於生命而言，它已經不是那麼直接了。生命處於自然正常的狀態是舒適的，沒有症（證）可

言。一旦生命偏離了自然、偏離了正常，不舒適的狀態便會立即呈現，這就是所謂的症(證)！所以，症(證)實際上是生命偏離了「正」的反應，辨證實則是辨「不正」！為什麼症的造字是這個樣子？將正放進了疒裏，疒的本義就是疾病，正入於疒，說明正出問題了，正出問題當然是不正了。正出於中，其用在於平和，所以，透過辨證(症)其實就是明瞭生命偏離中正平和的狀態。而施治，則是使這個偏離，重新回歸到中正平和！

有關因緣果，《周易》坤卦之文言有這樣一段話：「積善之家，必有餘慶；積不善之家，必有餘殃。臣弒其君，子弒其父，非一朝一夕之故，其所由來者漸矣。由辨之不早辨也。」臣弒其君，子弒其父，這對於家國來說，都是天大的噩耗！若拿身體來做比喻，就像突然查出了晚期癌症一樣。臣弒君，子弒父，或晚期癌症的發現，都只是剎那的事情。但，其所由來者漸矣！也就是說，剎那發生的事它的由來卻需要一個漫長的過程。需要醞釀，需要準備。所以，積善之家，才有餘慶；積不善之家，才有餘殃。重要的是在累積，積夠了，量變就到質變。那什麼時候是夠呢？什麼時候就會開始質變？這是不好說清的，只是因、緣、果之間的關係是很清楚的。為此，古聖先賢給出了一條規矩：勿以善小而不為，勿以惡小而為之！這一條若是做到了，便可保萬無一失。健康的問題亦是如此，凡是利於健康的，儘管是小事，也要堅持不懈，凡是不利於健康的，儘管也是小事，亦要盡力地唾棄。

　　《周易》選擇在坤卦談論因果的問題，這當然是與土德相
關。只是這裏面的深義還需我們進一步去發掘。土德在大地
來說，它不但長養一切，還具有發露一切的妙用。《素問·靈
蘭秘典論》是一篇很有趣的文字，它給五臟六腑都按官位來排
了座次，比如心為君主之官，肝為將軍之官。但是，到了脾
胃就顯得格外不公平，兩位只共坐了一個倉廩之官。直到後
來細讀《素問》遺篇中的〈刺法論〉，才發現五臟是各有官位
的，脾做了諫議之官，職能是：知周出焉。諫議就是明辨是
非，就是明辨善惡，過去的諫議大夫對於江山社稷來說，可
是個太不簡單的官職，像唐代開國的魏徵，就是歷史上鼎鼎
大名的諫議大夫。而今天紀委這個部門，有一些類似諫議大
夫的職能。諫議的功用關鍵在於早辨，問題還在隱微之中，
就能上達天聽，及時糾正，及時處理，哪裏會醸成「臣弒其
君，子弒其父」這樣亡國亡家的大禍奇禍呢？絕對不可能！同
樣的，怎麼可能病到晚期癌症還能悄無聲息呢？這一定是諫
議出了問題，出了大問題！

　　《內經》到了〈刺法論〉才來談論諫議之官，是很值得參究
的一個問題。上面我們談到證（症），認為證或症是生命偏離
了「正」的反應。這應該也是土德展現出來的一種功能，反應
的目的是為了糾偏，糾偏之所以又稱糾正，是因為偏沒了，
自然就是正啦。很顯然，這個反應生命偏離「正」的機制，是
由脾這一官來把控的。脾胃屬中土，前言平人之常氣稟於
胃，此則以諫議之官來維繫中正，這裏面可圈可點，值得研

究的東西太多太多！這可是再一次提點了針刺的不一般，它可不僅僅療疾祛病，是足可以「全神養真」的。

## 6. 感而遂通

黃帝內針在理法方針上的同氣相求已如前述，可以説最後我們的針要落在何處？千落萬落，就要落在同氣上。落在同氣，才能相求，才能相應，才會效如桴鼓。因為中醫除了講經還要識絡，經為主幹，絡為網輔。或曰經為經，絡為緯，共同經營臟腑內外、四肢百骸。針法上有一句流傳很廣的口訣，大意是「寧可失穴，不可失經」，而在黃帝內針的體系裏，我們需要改一改：穴可失，經可離，同氣不能丟！如果同氣不失，即便離經離穴，它亦在經在穴；若是同氣丟失，即便在經在穴，亦如離經離穴一般。

除了同氣相求，我們還需注意另一個問題，就是不同氣的問題，異氣的問題。異氣之間的作用是怎樣的呢？比如天與地、男與女，歸結起來就是陰與陽。《周易‧繫辭傳》對此作了這樣的描述：「天地氤氳，萬物化醇；男女媾精，萬物化生。」也即用了「氤氳」和「媾精」來描繪異氣之間的相互作用。氤氳與媾精對於今天的人來說，不是那麼直白，我們用《周易》咸卦象辭的一段話，也許大家就清楚了。象曰：「咸，感也。柔上而剛下，二氣感應以相與，止而悅。男下女，是以亨利貞，取女吉也。天地感而萬物化生，聖人感人心而天下和平。觀其所感，而天地萬物之情可見矣。」由象辭的這段文字，我們看

到異氣之間的相互作用是通過「感」來實現的。而這段文字更是告訴了我們感情之所由來。為什麼說世界上最勉強不得的就是「感情」呢？因為情必由感而發，由感乃能生情。

感在《周易》是很關鍵的一個問題，「易」的造字有一種說法，即日月為易，即上為日下為月，日月即陰陽，故而《莊子》有「易以道陰陽」之說。日月以上下論，則為易；以左右論，則為明。是否可以說，易這門學問就是借助陰陽來明瞭天下呢？這實在是很值得參究的問題。那麼，如何能夠以易這門學問或者借助陰陽的方便來明瞭天下呢？在孔子《繫辭傳》對易的另一個精闢的定義中，似乎對此作了回答：「<u>易：無思也，無為也，寂然不動，感而遂通天下之故。</u>」由此我們看到，至少在孔子眼裏，這是通過「感」來實現的。

二氣，或者天地，或者日月，或者男女，或者天下，一切的一切，只有通過「感」才能相與，才能萬物化醇，才能萬物化生，才能明白通達。中國文化很多含義甚深的詞語，都是由感而生，比如感恩，比如感動，比如感化，比如感情，比如感知，比如感覺，比如感通，比如感悟！而《周易》下經開首的第一卦咸卦，就是專門討論感的卦象。

劉力紅博士是前年冬天開始跟我學針，學針後不久，他便將針道的口訣用之於導引，並由此體悟出甚深的導引要領。對此，我是十分地讚許，並且認定他所談及的導引才是《內經》導引的心法所在。漢以後談導引，尤其是馬王堆三號漢墓出土的《導引圖》，以肢體的動作與呼吸相配合，只能算是外導引。

　　劉力紅博士去年以來，在很多場合介紹他的導引心得，我認為這個導引應屬於內導引的範疇，是更接近於《內經》的導引。《內經》的導引為五術之一，前面介紹五術的時候曾提到過，它出自《素問》的第十二篇〈異法方宜論〉中。原文：「中央者，其地平以濕，天地所以生萬物也眾。其民食雜而不勞，故其病多痿厥寒熱。其治宜導引按蹻，故導引按蹻者，亦從中央出也。」從字面上看，東南西北中，五方五位各出一術，只是界別的差異，但是，我們仔細思量，導引這一術卻有它根本的不同。砭石、毒藥也好，九針、灸焫也罷，這些都必須取自身外，是外來附加到身體的一種作用。或者說是必須通過外來途徑才能產生的作用和治療。但是，導引卻不同，它是完全在自身上發生的，它不需要通過外來的途徑。因此，從自我養療，從自主健康的角度，五術中唯一能實現這一目的的，只有導引一術。所以，導引從中央出，就不僅僅是因為中央食雜而不勞，易患痿厥寒熱的問題了。它更深的意義在於，通過感而實現機體陰陽的自和，通過感而促進自身陰陽的互生、互化、互通、互用，從而達成上以養心、中以養身、下以療疾，三醫和合的境界。

　　導從心入，所以必須透過感來實現。引的造字很有意思，左為弓，弓之用乃射，射左身右寸，寸者心也。所以，射有什麼意思呢？射講的是身與心！引之左為身心，引之右這一「丨」是什麼呢？是貫通！因此，實際上導引就是透過感來實現身心的貫通，身心能夠貫通，自然就形與神俱了。導

引從中央出，那麼，感從何處入呢？亦是從中央入，從任脈
所在的這個前正中入。從此處入，而後透過感來從陰引陽，
從陽引陰。實在地講，感的過程也就是陰陽相引的過程，為
什麼能引出和？引出生？引出化？引出通？引出萬般的作
用？更實在地說，是因為透過感引出了「中」！

我在這裏可以告訴大家，導引是黃帝內針的入門，我們
不能糊裏糊塗地學習這門針法，雖然這也會有作用。但是，
若想深入它，進而真實體會它的神奇之處，那就必須進入導
引，必須去切身感受這個從陰引陽、從陽引陰的過程。如此
我們方能領會為什麼要陰病治陽陽病治陰、以右治左以左治
右、以上取下以下取上。

## 三、內針秘義

黃帝內針的法理大致已如前述，若想更進一步地深入，
當然還得溫習經典。經典如鏡，我們要想照見自己，看看到
了什麼程度，就一輩子離不了它。所以，讀經典實在不僅僅
是我們普通的讀書學習，有些時候，讀不讀或者讀幾遍並不
重要，重要的是你要去參，你要去感。為什麼說感而遂通天
下之故呢？這是中國文化的特質所在。

由此我們也可以看到，中國文化它不在乎知識積累了多
少，而在於你通沒通。因為一旦通了，事情就好辦啦，我們
經常講一通百通，這是不虛的。關鍵看我們在哪通，怎麼

通！而通常得借助感，感並不在乎你讀了多少，反而看重的是「無思也，無為也，寂然不動」，有時甚至會一句話、一個字眼逼急了，你便通了。下面這一部分也許不像上述的內容成章成節，具有連貫性，但，卻是字裏行間閃爍出來的感而遂通，是需要特別留意的。

## 1. 內針

　　本門針法之所以依託黃帝，到此也許不會再有大的疑義。那麼，為何要命之為內針？難道還有外針嗎？內外在中國文化裏面其實也是蠻特別的一對範疇。內外也是陰陽，是相對，因此，有內必有外。不過我們在考察中國文化的歷史時，卻發現很多時候它似乎更強調內的一面。比如《黃帝內經》，儘管《漢書》也記載了《外經》之名，而且到了明代由陳士鐸先生傳出了《外經微言》，亦即現今流行的《黃帝外經》。但，作為中醫的主脈，仍是以《內經》為歸依。而作為三家之一的佛教，更是將自己的經藏稱為內典。其所強調的五明，因明、聲明、工巧明、醫方明、內明，亦是有內而無外。道家有內丹和外丹的修煉，但更注重於內丹。故而對於內外而言，內為根本，外為枝葉，枝葉的茂盛決定於根本之深厚。從更通俗一點的層面來說，我們常常談到內行與外行，內行看門道，外行看熱鬧。甚至還有行家裏手一稱，行家便指的是內行。行家一出手，便知有沒有！這些都是對內的強調，對內在的強調。

　　所以，從這裏也可以看出，中國文化更注重於內涵，注重內在的氣質。因為有諸內必形於諸外。外可以說是枝葉，是形式，是外表，是技法等等，有內之外是有根之外，這個外可以長久；無內之外，這個外也就曇花一現。我們若以孔子為例，考量孔聖的一生，其實他內心最敬佩的還是隱者。所謂隱者，就是內在極充沛，而外卻絲毫不顯，雖然不顯，亦是光照千秋！在《說文解字》裏，內與中是可以同意互訓的，中者內也，內者中也。而談到中，那就不得了，是天下之大本！

　　上面的章節我們花了不少時間來談中，談中的妙意，談中的妙用。大家不妨細細回味，我這裏不作重複。在《素問‧五常政大論》裏，有這樣一段話：「根於中者，命曰神機，神去則機息；根於外者，命曰氣立，氣止則化絕。」而前面我們談論針道的層次時，引用了《素問》的上工下工說，謂之「上工守神，下工守形」。如果當初我們對上工守神究竟守個什麼還有一些虛無縹緲之處，那麼，此刻該要會心一笑了。守神亦就是守內，亦就是守中，抓住了內，抓住了中，亦就抓住了神機之所根，亦就把住了上工的門戶。《周易》坤卦之文言曰：「君子黃中通理，正位居體。美在其中，而暢於四支，發於事業，美之至也。」文言的這段話蘊意廣大，所謂內聖外王雖見於《莊子》，其實出於此處。而我更希望將它作為內針的鏡，以便大家能夠不時地用它來照見心身、照見人生的每一段路程，乃至照見每一針！

## 2. 何以言針

　　有關於針道，比如針法、九針、內針，從其理法層面我們已經談論得比較多了。只是對於針這個字眼，因為司空見慣了，反而不會去作什麼考究。哪知「司空見慣渾閒事，斷盡江南刺史腸」。其實，無論是閒事、閒詞還是閒字，倒在個有心無心。無心的不過見慣而已，沒多少趣處，有心的卻是要斷腸的勾當。針之一字亦如是也！

　　在我看來，針這個字，是開門見山的，它已然將針道的奧義寫了個八九不離十，若能循此而入，實在是一個方便。古來針字，大抵有兩個寫法，一是現在大家都熟悉的「針」；一是「鍼」。二字的部首都用金，說明針是在比較早的年代就能夠用金屬製作了。當然，針最早的用途也許是縫紉，而針灸最早的用針也不是金屬，而是骨針。1985年在廣西武鳴縣境內馬頭元龍坡發掘出的東周古墓群中，發現了兩枚銅針，據說這是迄今發現的最早的金屬針灸針具。如果此項發掘和推斷可靠，那麼或許能在某個方面佐證中醫五術之「九針從南方出」。

　　何以見得針字的開門見山呢？我們先來看其中的「針」，作為部首的「金」意上面已做了簡單表達，更深的東西我想留待行內的專家吧。我們這裏主要看右半的「十」，十是我們再熟悉不過的字眼，也應是司空見慣吧。十作為數是很特別的，中國文化裏有關於數的學問雖然也叫數學，或稱之為術數，但與西方完全抽象的數學學科有很大的不同。《四庫全書總目》在

術數條目下給數學做了如下定義：「物生有象，象生有數，乘除推闡，務究造化之原者，是謂數學。」為什麼說十是很特別的數呢？因為在中國文化裏，數雖然千千萬萬，數不勝數，但從數學的角度看，不過始於一終於九而已。九一為終始之數，合之則為十也。為什麼到了十這個數才可以言全？所謂「十全十美」呢？就因為有始有終，善始善終！由此足見中國文化對有始有終、對善始善終的強調。所以，做任何一門學問，最忌諱的就是半途而廢。當然，針道更是如此了。

　　數學與造化之原的這一關聯，恐怕是中國文化的一個難點。孔子在《繫辭上》中提到：「河出圖，洛出書，聖人則之。」也可以說，中國文化就是這般被「則之」出來了。河圖、洛書之所以如此著名，甚至被當作是華夏文明的源頭，恐怕與這個「則之」不無關係。河圖、洛書是中國文化兩個最基本的數學模型，後來所謂的圖書之學便是指此而言。今天我們有很多的圖書館，但知道圖書內涵的並不多。這一點關係到對中國文化源頭的認識，關係到對中國文化特有的數學的認識，所以不得不提出來說明。我們對很多事情明不明白？有沒有把握？往往會用心中有數或沒數去比喻。因此，對於數，實在是每位華夏子孫需要稍稍了解的。十這個數在洛書裏面沒有顯示，而在河圖卻是一個大數。還是在《繫辭上》裏孔子表明：「天一地二，天三地四，天五地六，天七地八，天九地十。」而後來將天地之數與五行相配，便有了大家可能熟悉一點的「天一生水，地六成之；地二生火，天七成之；天三生

木，地八成之；地四生金，天九成之；天五生土，地十成之」
這個完整版的河圖。從上述河圖我們看到除了數，數可視之
為河圖的核心，還有天地、五行以及生成。天地亦可謂之陰
陽，謂之象，五行似乎更接近於物，而生成呢？生可謂始，
成可謂終；生可以因言，成可以果說。

從此物、象、數的因果關聯性，我們或許能夠或多或少
地品出一些造化的味道。十在河圖是土的成數，到了十，土
就圓滿了。圓滿了又怎麼樣呢？圓滿了便由終歸始，周而復
始！土的始是什麼呢？是中！是天下之大本！結合前面的十
全十美，所以，十是太有意思的一個數。佛教裏面問訊的時
候喜歡合十，合十就是合掌，五五相合為十。這意味着什麼
呢？意味着圓滿！意味着歸中！意味着回到根本！當然道家
行禮時子午相扣地抱拳，也是十，所謂拳者全也，十方為
全，只是不如合十這般直接了當。

由針之用十，我們回到了黃帝，回到了他的精神，回到
了土德，回到了天下之大本！提起針，不論是文字還是真實
的針，我們內心都得有這些東西。

對於「十」，字祖許慎於《說文解字》的解釋如下：「數之
具也。一為東西，｜為南北，則四方中央備矣。」有關數，我
們只能略說如上，而更為有趣的是，許慎將「一」定為東西，
將「｜」定為南北，東西南北交合為中，故曰：四方中央備
矣。如果說我們上面討論的作為數的十是定性，那麼，此處
的十便是定位。對於針道而言，定性定位缺一不可，合之才
全，合之才是十，十全則能十美！

如果此刻大家會心，就應該發現，十它表的是什麼呢？十表的就是我們第一章裏談到的口訣。一表左右，｜表上下，定位的原則就是：以右治左，從左治右；上病下取，下病上取。想到針，想到十，就應該想到這個口訣。古聖先賢之用心，文之所以載道，真令我們無話可說。

第一個司空見慣的「針」我們說了如上許多，有了這個基礎，我們再看另一個「鍼」時，會不會心有靈犀呢？我想會的！如果說前一個針已然將針道之所立、針道下手之原則，合盤托出，那麼，這一個鍼便是對針道妙趣的寫照。針何以能立竿見影？何以有拔刺、雪汙、解結、決閉之效？其實就在這「咸」裏！咸者感也，已如上述，為什麼我強調導引？甚至認為要想在黃帝內針裏上一些境界，導引就是入門的功夫，這個功夫若是沒有，很難領會針道的妙趣。所以，雖然是談針道，我們仍需多在咸卦裏面參，仍需多去會會感！

## 3. 針對

中國文化講頭頭是道，講信手拈來，其實是說隨時隨處都有入處，就看你會不會得。禪宗有一指禪、一字禪，也有一字師、一事師，要在處處留心，皆是學問。比如「針對」這個詞，針對或許是後世喜歡用的字眼，針對某人，針對某事，甚或針對一切。從語文的角度，針對在這裏是一個很常用的複合動詞，但很多事往往是有心栽花花不開，無意插柳柳成蔭。無意中反成就了天作之合！像針對，如果將第一章

針法的口訣進行濃縮，那麼其結果就是「針對」二字。針意已如上述，那麼對呢？左右是對，前後是對，上下是對，陰陽是對！所以，針法的秘訣是什麼呢？就是針對！能找準對，就找到了針的入處。可以說，針對是針法最深邃、也是最簡潔的竅訣，是黃帝內針的家底！若是摸清了這個家底，便可在內針這一行當家做主，便沒有什麼難處了。針一定要「對」，不能「錯」了。什麼是對呢？比如病在左，必須刺右；病在右，必須刺左；病在上，必須刺下；病在下，必須刺上；病在前，可以刺後，病在後，可以刺前；病在中，男刺左，女刺右。當然，這個對是底線，還必須結合同氣，這樣也就萬無一失了。

## 4. 執兩用中

中國文化的中道思想是非常突顯的，早在《尚書》的「大禹謨」就有著名的「允執厥中」一說。此說被視為上古聖王的傳心之法，也被視作上古聖王的治國綱常。雖是四字，其實是一，亦就是一個「中」！那麼，如何執好這個「中」呢？這便成為中國文化的不傳之秘，也是中國文化難以言表的地方。考察中國文化的歷史，能夠傳承上述上古聖王道統心法的，其唯孔子乎？！只是孔子在《論語》裏面也多是指桑說槐，透些消息而已。如《論語·子罕第九》子曰：「吾有知乎哉？無知也。有鄙夫問於我，空空如也。我叩其兩端而竭焉。」什麼「空空如也」，什麼「叩其兩端而竭焉」，實不知是個什麼趣

處。直到《中庸》這裏，子思才勉強將祖父的端倪露出：「執其兩端，用其中於民，其斯以為舜乎！」所謂「空空如也」亦好，「叩其兩端」也罷，不過是為了「用其中」而已矣。中道空空如也，無所用之，若欲用之於民，唯有執其兩端。執其兩端，用其中於民，簡言之，就是「執兩用中」，以我個人的看法，可以說這就是整部《中庸》的眼目所在，也是黃帝內針的眼目所在。

　　有關於中，前面已經談了很多，天下之大本也罷，陰陽自和的前提也罷，土德也罷，總之是透着先天的氣息，是生命乃至世界最最重要的東西。這個東西不好說有沒有，也不好說在不在，只能說它於生命的作用能夠展現，生命便處於良好的狀態，疾病亦有自愈的可能。所以，生命的養護或疾病的調治，最為關鍵的就看能否用其中於命！如何方能用其中於命呢？透過子思揭示的端倪，我們知道了用其中在於執其兩。而這個兩是什麼呢？其實就是上述的對。按照鄉俚的說法，對亦是雙，故曰成雙成對。雙不就是兩嗎？！所以，這個兩，這個兩端，實質上亦就是左右、上下，亦就是陰陽。

　　具體而言，比如病表現在左可視為一端，那麼治必須在另一端的右，這才構成了兩。因此，以右治左、以左治右才符合執其兩端的原則，而只有符合了這個原則，才能實現用中的目的。

　　為什麼要以右治左，以左治右？為什麼要以下取上，以上取下？為什麼這樣的取法《內經》謂之善用？而現今通常的

做法，或我們在大多數針灸科看到的現狀，病在左，多半刺左。比如左肩疼痛去做針灸，絕大多數的醫生會去左肩取穴。取左肩的穴不是不可以，這個問題好像第一章曾經談到過，取左肩也會有一些效，但是，若按照《內經》的教法，這一定不屬於善用！不屬於善用的針法，不但會在效用上大打折扣，而更重要的是，這樣的用法只是執一，執一就難以用中，不能用中，這個結果就可想而知了。

第一章裏，我跟大家報告了黃帝內針的傳承，以及與傳承相關的一些問題。第二章主要談內針的法理，這個法理不離《內經》，不離中國文化，不是在《內經》之外、在中國文化之外，另有一個法理。經過以上的層層深入，到此已經將謎底交付給了大家，這個謎底就是中，就是用中，就是開發、展現中對生命的作用！針的奧妙大抵言盡於此了。

我們前面強調過導引，乃至將導引視為針道的入門，導引更根本的意義在哪裏呢？其實就是要導引出中來。而一旦我們透過導引，建立起對中的不同層面的覺受，那麼，針道的玄冥幽微便能於心中、於手下了了分明。

言至於此，我已感到無話可說。古人講：法無定法，萬法歸宗！實際上，歸宗亦是歸中！於針道而言，或一針、或兩針、或多針，亦是數之可一，推之可十，數之可十，推之可百，百之大猶不可勝數，然其要一也。這個一就是歸中，能歸中者，十針百針針針皆道，不能歸中，即便一針，亦是多餘！

言到此處，雖然無話可說，仍是要添上幾句。稍有針灸基礎的也許會疑問，針刺很重要的東西除了取穴就是手法。手法的目的是為了實現補瀉，提插撚轉也好、迎隨也好，都是為此。所謂補以圓、瀉以方，是針刺補瀉的基本原則，內針好像都不提這些，那麼，內針的補瀉由什麼來實現呢？內針的補瀉由中來實現！中除了上述的諸多表達，它也是自然，也是天道！《老子‧七十七章》云：「天之道，損有餘而補不足。」有餘損之為瀉；不足補之為補。天道的補瀉是自然而然，所以，只要中的作用起來了，補瀉便自然天成，毋假人力。

## 5. 芭蕉神蘊

《素問‧異法方宜論》將九針確定為「從南方出」，九針何以要從南方出？南方火熱，心之所系，心者，君主之官，神明出焉。《素問‧八正神明論》有「是以天寒無刺」之訓，因針刺多半要在裸露中進行，如果在寒冷的天氣中裸露身體，就會有傷寒的可能。南方的天氣炎熱，即便冬天，也遠不及北方的凜冽，這給裸露針刺而不被寒傷提供了天然條件。再者，針道強調上工守神，而心屬南方，又主神明，似乎都為九針從南方出提供了一些依據。

雖然如此，心底裏仍感覺這還不夠，尤其從內針的角度，似乎還欠些什麼！一日，南方的一幅景象突然在心中湧現，景象中突顯出一片濃密的芭蕉林，雖然雨中的芭蕉大都用來描述淒涼，但此刻在我心中湧現的蕉林卻伴着燦爛的陽

光。也許在亞馬遜熱帶雨林中、在南美智利的森林裏會有較芭蕉葉更為碩大的葉子，但在我們日用熟悉的眼裏，芭蕉葉已然堪稱葉中之最了。一片葉子由葉柄及貫通連接葉柄的中央脈及側脈和葉身構成，從一片葉，我們能知道些什麼呢？俗云：一葉知秋；一葉障目，不見泰山；一花一世界，一葉一菩提。

其實，要想從葉子裏看出些什麼來，仍是離不了陰陽這個綱紀、這個父母、這個本始，仍是離不了上述討論的這些話題。以此觀葉，葉身以中央脈為界，分為左右葉身，左為陽右為陰。由左右陰陽構成的葉身之所以如此碩大，源自中央脈的碩大。由中央脈自葉柄的這條路徑，我們可以將其視為蕉葉的「中」，蕉葉之廣闊之所以幾乎為諸葉之冠，乃是因為蕉葉的「中」亦是異乎尋常。從中的角度而言，亦幾乎是諸「中」之冠。雖則此中非彼中，然中的蘊意，中化生陰陽、和合陰陽的妙用卻是於芭蕉葉裏展露無遺。

思行於此，不得不感嘆於造化的玄妙！似乎針道的玄機，黃帝內針的奧妙，已盡寫於芭蕉葉上！從此無怪乎九針要從南方出了！由芭蕉葉聯想到了芭蕉扇，在《西遊記》裏，芭蕉扇是道門的要具。太上老君用芭蕉扇，鐵扇公主的芭蕉扇更是連孫悟空都敵不過的寶物。去年有因緣到海南遊歷，專程去了位於海口南面定安縣境內的玉蟾宮參訪朝聖。白玉蟾為道門全真派南宗五祖，南海瓊州地處偏遠，我們只知道像東坡先生這樣的名人會流放到這裏，沒曾想到，南宋年間

竟能出了這樣一位道門祖師，真是稀有難得的事。懷着十分崇敬的心情，沿着文筆峰南坡緩步而上。這時的我，內心起伏，煞是難靜。一則不僅僅是要拜拜祖師，以了平生慕道之願；更是要看看祖師手中的法器是什麼？道具是什麼？端的一個「道南正脈」，手中執持的是不是我心中先入為主的那個器物？！越是臨近高處的祖師殿，心中越是忐忑。步入殿內甚至都不敢抬頭，而是先在正中的蒲團上默默行了三個叩首禮。此時慢慢抬起頭來，啊！祖師手中拿的正是我想的芭蕉扇！

　　我一直在想，「允執厥中」這四個字被視為中國文化的道統，被視為上古聖王的傳心之法，其實也是黃帝內針的精義所在！十分巧合的是，整個華夏大地，說「中」最多的要數中州河南。當然，河南人說的中是第三聲的「中」，這個「中」確切的釋義恐怕難以找到，但說出口時，大家又都明白。對於中（「允執厥中」的「中」）及中的作用，我們能否找到一個稍稍合適的「道具」去勉強地描繪它？表達它呢？我在想，如果搬出上面的芭蕉扇，河南人會不會說中呢？！中之與兩，不勝合，不勝分，分之為一，合之為兩。中似為體，兩似為用。無中，兩無從出；無兩，則不知有中。兩為陰陽，萬象不離於兩，所謂執兩用中，亦執兩而有中，執兩而見中。於萬象中照見陰陽為執兩，於萬象中照見陰陽又無所偏倚更為執兩！觀芭蕉之葉，葉分左右為兩，左陽而右陰。葉脈之為中者，既生於左，亦長於右，無所偏之，無所倚之，如是亦

謂平等！平等則有中，平等則見中，平等而與性合，平等而與智會，平人則無病！

　　中國文化搞到最後，都是在兩裏面滾，滾得勻稱了，不是青一色，或許有個樣子出來！六祖惠能大師悟道渡江後，所作的第一番開示，便是針對跟着追來的惠明：「不思善，不思惡，正與麼時，那個是明上座本來面目？」不思善、不思惡，亦就是執兩，執兩實在也是兩不執。或者也可思善、也可思惡，不過不以善為善、亦不以惡為惡，如此便可曰平等，平等了中自現前，平等了便是那本來面目！

　　內針的本來原本也是那中，倘能由此中的影子窺見那中，便是不枉人生一場！

# 第三章

# 內針規範

　　從今日起，黃帝內針的傳講將進入第三個環節——內針規範。所謂規範，其實就是內針操作的具體原則和方法。初學的人，或者急於求成的人，往往眼睛就盯着這一章，恨不能一氣學成！儘管黃帝內針的操作原則的確簡單，三五天學會不是難事。但是，要想功夫純熟，要想功夫上台階，要想在針道裏得些造化，還是得慢慢來，還是得一步步從前面兩章開始。

　　首先，學習中醫尤其是針道，不能不明傳承。《黃帝內經》出世至少已經兩千年，熱鬧也應有幾百年，而現今各類的針灸教材、針灸書籍更是數不勝數。內關、合谷、足三里，人身的諸多大穴擺在那裏，從我們出生起就帶在身上。這些

都是上等的「好藥」，都是絕品，百分之百的道地，絕對沒有污染！可為什麼真正能用、會用、用好、用靈的不多呢？這就與傳承有關。有傳承與沒傳承完全是兩回事，有了傳承如何得到傳承，又是關鍵的關鍵。我們花費了一個章節的時間來談傳承的問題，實在是因為經歷了、感受了，不能不說實話！

再就是法理，法理一定要明，要認真參究。這一點得變着花樣，反反覆覆。法理至簡，不離陰陽，不離三才，然而必是參透了簡，方能得其深廣。

有了傳承，有了法理，便如有了神靈，規範在手而能以不變應萬變。沒有傳承，昧了法理，規範只是幾條繩索，終將捆住自己。在進入規範前，跟大家囉嗦幾句，權當作婆心苦口！

# 一、識證（症）

第二章中我們提到過張仲景《傷寒論》的十二字薪傳，「觀其脈證，知犯何逆，隨證治之」。這裏的重點不在病上，也不在脈上，而在證上。這是中醫尤其是內針修習特別需要注意的地方。在現代知識體系裏，一談到醫學，我們必然會想到病，想到臟腑，離開了病，離開了臟腑，便會無從下手。比如肺炎、肺結核、肺氣腫，肺炎要抗菌消炎，肺結核要抗結核治療，肺氣腫呢？肺氣腫沒招了，只能對症處理。所以，

在現代醫學裏，對症屬於無可奈何，找不到病因只好對症處理。它將着眼點更多地放在了病上，而非症上。中醫則正好反過來，它更多地關注於症的有無、症的變化。證與症的涵義不完全相同，過去更多的是用證，證可以包含症的內涵，而症則未必能夠包含證。只是用久了，大家都不去細究，自然慢慢就相通了。

　　證是患者對身體問題的綜合表達，這個表達既包括了症，也就是疾病的表現，也包括了病因，同時還隱含着機體針對問題所給出的自治方案。因此，證實際上涵括了病證、病因、病治，是三合一。對於證有了這樣的認識，我們才不會輕忽它，才不至放過機體呈現的每一點蛛絲馬跡。只有到了這個時候，才談得上辨證施治，才談得上隨證治之。當然，問題又來了，辨證施治，辨證施治，是不是證沒了，病就好了呢？這實在是一個不易回答的複雜問題。但，至少在理論上可以這樣認為。只是機體對於問題的表達和呈現，這本身就是一個大問題。記得我在第二章談及「諫議之官」的時候，曾引述過坤卦文言的：「臣弒其君，子弒其父」的案例。這個案例充分說明了因問題呈現或表達途徑的障礙，從而導致積重難返的災難發生。我們可以回顧第二章的相關內容，幸許能夠理出一個頭緒。

　　所謂證（症）還可以表述成是機體能夠感受到的異常，而機體常見的證（症）不外酸、麻、脹、痛、癢、熱、寒等，當然還有二便的異常、飲食的異常、呼吸的異常、睡眠的異常

等等。如果證限於局部，比如身體某個部位疼痛，甚至某個區域紅腫，那麼根據經絡的循行部位及下面將要細述的原則，可以立即知道方針。只是有些證的定位並不能如此清晰，如失眠，如惡寒、發熱，失眠是頭失眠還是腳失眠呢？這都不好說，只能說某人失眠了。不能定位的證則需通過定性來抉擇，這就需求助於《內經》，求助於《傷寒論》。仍以失眠為例，這是當今十分常見的證，現在的《中醫內科學》教材將它分成若干型，而從內針的角度，它是一個問題，就是陽不能入陰！陽不入陰怎麼辦？從陰引陽就能解決！你可以從厥陰去引陽，比如刺太沖，刺內關，刺大陵、勞宮；你也可以從少陰去引陽，比如刺通裏、神門，刺湧泉；還可以從太陰去引陽，比如刺魚際，刺太白、公孫，若是三陰同刺，一個三陰交足矣！從失眠的辨治，我們似能品出一些中醫的味來。我們說哪一個是治失眠的穴呢？似乎沒有！可穴穴又都能治失眠！唐初的許胤宗言：「醫者意也，在人思慮。」放在針道是再適合不過。只要不出法理，穴位的功用是由醫者來決定的，功夫純熟了，你要它幹嘛，它就幹嘛！如果僅限於幹嘛，將某個功用與穴位綁定，那絕非針道的本來。中醫的很多東西實際非常簡單，我父親常講，這就是一層窗戶紙，一捅就破了。當然，一破也就不值錢了。好在我的願不在於錢，而是要人人都能知、都能用，便就不在乎捅破它了。

## 二、總則

總則就是黃帝內針臨證下手的原則，這些原則其實在上一章裏已經分頭交代過，這裏只是集中地再做一次強調。

總則一：上病下治，下病上治；

總則二：左病右治，右病左治；

總則三：同氣相求；

總則四：陰陽倒換求。

總則一和二是沿用了《素問》的説法，除了〈陰陽應象大論〉，〈繆刺論〉也有類似提及。這裏的病若換作證其實更相適宜，即：上證下取，下證上取；左證右治，右證左治。上下左右是定格，尤其是左右，更是定中之定，是大規範、大原則，不能違背。因為上下左右亦即陰陽，所以也是《素問‧陰陽應象大論》「陽病治陰，陰病治陽。定其血氣，各守其鄉」的翻版。除了上下左右分陰陽，內外前後亦是陰陽，如內側為陰，外側為陽，前為陰（胸腹），後（背）為陽。當然，加上陰中有陽，陽中有陰，便有無限的可分。如能在臨證和日用中，細心琢磨，久之必得要領。

為什麼説左右是定中之定呢？就是這個原則絲毫不容商量！比如證在左，左頭痛、左胸痛、左腹痛、左膝痛、左腳痛，先不論針何經何穴，但，統統都必須在右側下針！反之亦然，這就是定格！至於上下相取，為什麼不納在此定中之

定呢？因為上下還可商量，內針總則四的陰陽倒換求，即可視為商量的結果。

同氣相求前面已經強調過了，它是總則中的總則，是總則中的核心，是方針的依止處！或者也可以說是黃帝內針的眼目。因為針最後落向何處？落針後的效果如何？都要看這個同氣求得好不好。同氣首先是同名經的同氣，經名如果相同，其氣亦同。如陽明經，不論是手陽明還是足陽明，都屬同氣。同理如太陰經，則無論是足太陰還是手太陰，都屬同氣。十二經的其餘八經，以此類推。有了同名經的同氣原則，很多問題就好辦了，比如手陽明經某循行區域出現狀況，不管是痛還是別的什麼，我們既可以取對側的手陽明區域，也可以取對側的足陽明相應區域，這都屬於同氣相求，有求自然有應！

內針的同氣相求至少可以分為兩個層次，同名經同氣屬於大同氣，單依這個同氣還不能確定方針，還需繼續往下求，進入更具體的層面，就是三才同氣或三焦同氣。或者說三才同氣與經絡同氣必須互參互求。所謂三才或三焦同氣，就是上(天部)與上同，中(人部)與中同，下(地部)與下同。同氣是重點，下面我會為大家細細展開，這裏只是先預預熱。比如四肢，腕踝屬上焦天部，腕踝就是同氣。所以，腕關節的證可以從踝關節治，踝關節的證可以從腕關節治。再具體一些，右踝的問題，可以從左腕上尋求解決的方針；右腕的問題，可以從左踝上尋求解決的方針。這便是三個總則

「上病下取，下病上取；左病右治，右病左治；同氣相求」的融合。再比如，肘膝屬中焦人部，肘膝即是同氣。一般我們只認為脾胃是中焦，肘膝怎麼也是中焦呢？在我們眼裏，一樣是中焦！放到臨證，如有脾胃的問題怎麼辦？取肘膝就能解決！

總則四為陰陽倒換求，這是黃帝內針的一個特點。還以上述的同氣為例，踝腕、膝肘為上中二焦，那麼，肩胯呢？肩胯即屬下焦地部，是為同氣。按照同氣相求的原則，本來髖胯的問題求之於肩就行了，但是，考慮到方便和安全的因素，黃帝內針的取穴範圍嚴格地限制在肘膝以下。肘膝以上，屬於禁針區域。當然，急救可以例外！那麼，下焦的問題、地部的病證，如何解決呢？再巧妙地用一次「下病上取」就解決了！所以，髖胯、肩部等下焦地部的問題，一律都可以從上焦天部的腕踝來解決。這就是陰陽倒換求！融會上述四則，嫻熟了，便能夠法無定法，隨處下針，應手而效。

## 三、三焦同氣

第二章裏，我們討論過三焦的問題，不是二焦，也非四焦、五焦，說明它與中國文化裏三才的學問密切關聯。進入本章以後，雖然多是談具體的運用，但還希望大家與前面的法理互參，這樣方不至於知其然，而不知其所以然。

三焦於軀幹的定位：

1. 上焦定位：前為鳩尾穴、後為至陽穴以上的區域為上焦；
2. 中焦定位：前為鳩尾穴至神闕穴、後為至陽穴至命門穴之間的區域為中焦；
3. 前為神闕穴、後為命門穴以下的區域為下焦。

一般而言，人體十二正經及奇經八脈循行路線上的諸多穴位都可針刺，只是有的穴位因靠近重要的器官，故而針刺的角度及淺深需特別留意。比如腦後的啞門靠近延髓、胸脅的穴位靠近胸膜等等，倘若刺法不精熟老到，容易造成意外。

醫之一門，古來本不作職業講，所謂「文人通醫」，就是說但凡有文化的讀書人是必須要習醫的。文人士子為什麼要習醫呢？張仲景在《傷寒論》開首的序言中說得很清楚：「怪當今居世之士，曾不留神醫藥，精究方術，上以療君親之疾；下以救貧賤之厄；中以保身長全以養其生。」從這個線索去考察過去的醫療歷史，過去的醫保不是政府來管，也不是醫院來管，而是自管、自保！因為健康的問題一定是自己的問題，如果把它交出去了，那一定是不靠譜的！個人認為：無論世界各國探索什麼樣的醫改方案，恐怕都難濟事。除非是改回來，把它重新交到自己手裏。

醫保的問題我做過很長時間的考究，考來考去，覺得這個問題要真正解決，還是得回到過去，回到文人通醫上來。而這條路恰恰是中國獨有的優勢，因為我們有中醫！只有中醫能夠辦到這一點，西醫可能很難辦到！對於西醫而言，文人怎麼通它？既便通了也沒轍，因為無法操作！如果中國的

文人士子都能通醫，都能解決自身的問題、家庭的問題，以及身邊親友的問題，至少是能夠解決小的問題、普通常見的問題，小的毛病、普通的毛病解決了，大的毛病便失去了由來，真正禍及生命的危症險症才能避免，醫保才有真正實現的可能！那麼，黃帝內針能不能作為這條路上的探索者？能不能做這條路上的先鋒？這個念頭多年來一直伴隨着我，有多少個翻來覆去的不眠之夜是在這個念頭裏打滾。為了實現這一願望，尤其是要在行業日益規範的法制社會裏使這個念頭落地，首先需要的是安全！不求有功，先保無過，是前提中的前提！為此，我在保持原有傳承脈絡的基礎上，進行了小心而大膽的調整和嘗試，將針刺範圍鎖定在肘膝以下的四肢末端，從而在安全層面牢築起了確保的大堤！至於針刺的效用，因將三焦同氣之法則發揮極至，而絲毫不損。尤其近年以來，我有意在完全沒有醫學經歷的不同層次、不同年齡段的人群中收取「徒弟」，其中最小的只有八歲，文化層次最低的只上過初中。然而，就是這群完全不搭界的「弟子」，大都能夠通過不長時間的學習，掌握黃帝內針的基本運用，快的甚至十天半月就能上手。

傳講到這裏，實在有些抑制不住內心的激動，我能深深地感到，《黃帝內針》的問世將意味着什麼！這真正是這個時代的福祉！是上天的恩賜！是歷代傳承祖師大德的切願！當然，黃帝內針的受益人群首先是華語世界的人們，但我很希望它能在最快的時間裏走向世界，尤其走向非洲，走向缺醫少藥的地方，走近正被疾苦煎熬的民眾！

　　言回正傳，四肢肘膝以下區域的問題，可以在區域內運用前三總則解決。那麼，肘膝以上及軀幹頭面頸項（包括內臟）的問題，則可以融會四總則，尤其是三焦法則靈活解決。下面我以針道裏很熱門的四總穴來舉例說明。

　　針灸裏的《四總穴歌》，恐怕是每一位涉獵過針灸的同仁都背過的口訣。口訣的內容如下：

　　　肚腹三里留，腰背委中求，頭項尋列缺，面口合谷收。

　　《四總穴歌》可以說凝聚了多少針灸前輩們的心血，是經得起時間考驗的寶貴經驗。不過，從上述四總穴所涉的區域範圍而言，似乎還有一個欠缺，就是胸脅區域沒有包括進來。若將後世「心胸內關謀」或「胸腹內關謀」接入，以成五總穴，那麼就可以基本囊括整個頭面至軀幹的主體區域。

　　這裏為什麼要跟大家談「五總穴」呢？其實是要通過大家最熟悉的案例來回歸四總則，回到內針的規範。「五總穴」也許搞針灸的天天都在用，不搞針灸的也似曾相識，但為什麼「腰背能夠委中求」？為什麼「面口能夠合谷收」？恐怕多就日用而不知了。如果我們大家能就五總穴細細品味，品出它的所以然，那麼，今後的四總穴、五總穴，就不一定出自古歌訣，而是出自各自的心中了！

　　為了認識的方便，以下我們逐句來討論五總穴。

## 1. 肚腹三里留

　　肚腹的含義比較寬泛，如果嚴格一點，可以說是以「肚」為中心的腹部區域，寬泛一些則包括整個腹部。先從嚴格來講，以肚為中心就是胃所在的中焦區域，這個區域的問題與三里有什麼關聯？為什麼肚腹的毛病要從三里解決？三里主要指足三里，位於膝關節附近，具體定位在外膝眼直下三寸處。從上述同氣法則我們知道，不但以肚為中心的腹部屬於中焦，以肘膝為中心的區域亦屬中焦。因此，足三里自然就在中焦的範圍之內，與肚腹屬於同氣，同氣相求，有求必應！這即是肚腹的病證尋求足三里解決的所以然。

　　只是放到臨證中，我們發現，並非每一例肚腹的病證刺足三里都靈驗。隨着不靈驗案例增多，很可能就對這句口訣失去信心了。其實問題在哪呢？問題不在於三里不靈驗，在於我們不能舉一反三，沒有在更細的層面求同氣。肚腹是一個相當大的區域，在這個區域中經過的經脈至少有五條，有任脈、足陽明、足少陰、足太陰、足厥陰，如果加上帶脈及手經的絡屬就更多了。而足三里僅僅是足陽明胃的合穴，也可以說三里僅僅是中焦範圍內陽明的同氣而已。如果病證在中焦，又在陽明範圍，比如肚腹的疼痛靠近中線（陽明經循行路線），那麼針刺足三里，必然如拔刺、如雪汙，隨手而效。但是，如果肚腹的疼痛不在這個區域，或者不限於這個區域，已經波及太陰或厥陰，那麼，刺三里的效用就會大打折扣。不過要是內針的行人碰上這種情況，便就會者不難了。

只需將進針方向悄然偏向內側陰經，或是陰陵泉、膝關加刺一針，問題又將迎刃而解。為什麼呢？因為陰陵泉是太陰的中焦同氣，膝關是厥陰的中焦同氣。

## 2. 腰背委中求

　　腰背的區域大致屬於中焦的範圍，而背部循行的經絡除督脈居於正中，兩側循行的主要是足太陽膀胱經。委中位於膝後膕窩，足太陽合穴，正與腰背太陽同氣，同氣相求，所以有應。腰背的病證針刺委中之所以應驗，是因為同氣相求。而腰背的問題亦有針刺委中而不應驗者，那是因為在同氣上打了折扣。比如有些常見的腰痛病人，痛在兩側，正好是帶脈循行的路線。這個時候針委中往往就不管用，因為帶脈與太陽不同氣！如果改取帶脈的交會穴、膽經的足臨泣，則又會收桴鼓之效。

　　如前所述，內針的四總則如同眼目，可以幫助我們照見總總的所然和所以然。日用中，我們就是從形形色色的效與不效裏，逐漸擦亮上述的眼目，進而成竹在胸！仍以腰痛為例，有一種痛以正中間為主，這樣的腰痛針臨泣、針委中都不一定見效，而對於內針行人，一看就應知道為什麼不見效！因為同氣不在這裏，在督脈上。此時若於督脈交會穴後溪上下針，境況就不一樣了。

### 3. 頭項尋列缺

列缺位於手腕附近的橈側緣，距腕橫紋1.5寸處，是手太陰肺的絡穴，也是任脈交會穴。本來按內針的原則，列缺相當於頸部的同氣，所以對於頸部的一些問題，如常見的咽喉毛病，針列缺往往手到擒來。另外，因為與任脈交會的關係，對於很多任脈的問題，列缺亦是行家裏手。如常見的婦女痛經，便能針到痛除，或至少是針到痛減。而對於頭項的毛病能不能解決呢？一樣可以解決！頭項的問題，多與陽經相關，因為直接到頭部的經脈只有陽經（當然，足厥陰肝經的支脈，也到頭頂部），而督脈除了直上頭項，還總督諸陽，所以抓住督脈也就意味着抓住了諸陽。現在陽病了，怎麼辦呢？陽病治陰！而與督陽相對的，正是任陰，頭項尋列缺，也就在情理之中了。不過個人的經驗認為，這一訣總是不如其餘四訣這樣酣暢淋漓，頭項若尋後溪，那更是會不一般了！

### 4. 面口合谷收

合谷是手陽明的原穴，位於手背拇食指之間的虎口。面口皆屬陽明地界，上焦範圍，與合谷不僅同位同氣，而且同經同氣，如此相求焉能不應？！所以合谷與三里，在諸穴中的知名度，實在是數一數二的了。

## 5. 心胸內關謀

內關是手厥陰的絡穴，也是陰維脈的交會穴，位於前臂陰面（掌側）正中，距腕橫紋2寸。心胸這個詞的含義很不一般，常常說的心胸開闊，其實便隱含着狹窄的一面。所以，心胸實在地講，不僅包括了生理的層面，更有精神在其中。因為手厥陰屬心包絡，是心主的宮城，而位於前胸正中的膻中，既是心包之募穴，又為臣使之官，喜樂出焉。這一連串的關係，更使得心胸真是特別。心胸此刻屬上焦，與內關不論從區位還是經絡，皆為同氣，同氣相求，能無應乎？！

比如我們常說的開心不開心，心胸廣闊，必然開心；心胸狹窄，必會不開心。這不開心、那不開心，久之便成抑鬱，這便要去求內關的同氣。所以，心胸內關謀，應是這個時代最能派上用場的一訣！

上面我們略略討論了幾個總穴歌訣，大家能不能根據上面的四總則展開來呢？比如肚腹三里留，能不能肚腹曲池留呢？一樣留！內關能夠謀心胸，三陰交能不能謀心胸呢？照樣！同理，腰背可以求委中，可不可以求上肢的小海呢？手上的合谷可以收面口，腳下的內庭能不能收面口呢？當然可以！為什麼既可針這，亦可針那呢？原因就在同氣！只要同氣，處處是穴，處處可求！

# 四、經絡同氣

對於內針的規範、內針的法則，我們只能逐漸深入，也許我在每一處都不講滿，都留一些餘地給大家。實際上，也無法講滿，也無法不留餘地。以三焦同氣而言，雖然我們分了上、中、下，但這僅僅是粗分。若是細分，何處沒有上？何處沒有中？何處沒有下？只是粗也好細也罷，皆不離這個理。如能於粗分中漸漸把理弄明，那麼，規範、法則便不在腦子，而在心了。

同氣不離三焦，更不離經絡，二者時時都須互參，以下便從經絡入手講述同氣。

## 1. 手足三陽經（同氣）

### （1）手足陽明

我們先來看手足陽明經，當提到手足陽明，大家立刻就要想到這是同氣的概念。有關手足陽明，先列簡表如下：

**手足陽明經（同氣）**

| 手陽明大腸經 | 腕 | 陽溪 | 足陽明胃經 | 踝 | 解溪 |
|---|---|---|---|---|---|
| | 肘 | 曲池 | | 膝 | 犢鼻 |
| | 肩 | 肩髃 | | 胯 | 髀關 |

上下（手足）為陰陽，陰陽化三才。所以，這個簡表講的是二三之間的關係。其中，腕和踝相對應，為上（焦）為天；

肘和膝相對應，為中(焦)為人；肩和胯相對應，為下(焦)為地。相對應，也就是同氣的關係。

第一個對應：手腕對腳踝。手陽明經於手腕處的穴位是陽溪穴，對應足陽明經腳踝處的穴位解溪穴，亦即陽溪與解溪同氣。如果陽溪穴區域內出現任何的不適，無論酸、麻、脹、痛、紅腫、冷熱，也無論是什麼原因引起，都可以按照上病下治、下病上治，左病右治、右病左治的法則治療。如右陽溪區域內疼痛，我們既可刺左陽溪，更可以刺左解溪！從理論上來講，只要我們會用黃帝內針治療一個病證，解決一個問題，那麼就應該能用它治療所有的病證，作用所有的問題。當然，熟悉和貫通需要時間、需要過程。所以，我很強調內針的學人從一開始就要養成良好的習慣，務須做到每下一針都能從總則中找到依據。我經常講，我們運用的是一種規律、是道，而不是有限的經驗。上面為什麼我用了「作用所有的問題」而不用「解決所有的問題」呢？因為問題的形成會有諸多因素，解決自然就不只一途。但，為什麼能夠作用所有的問題呢？針道作用的發揮，很重要的是依賴於經絡，而人身的構成，從四肢至整個軀體都有經絡循行。經絡所構造的這個網路沒有絲毫盲區，因此依憑經絡的作用，亦就沒有盲區了。

第二個對應：肘對膝。手陽明經於肘關節處的穴位是曲池穴，足陽明經在膝關節處的穴位是犢鼻穴，亦即曲池與犢

鼻是標準的同氣。如果膝關節的疼痛在犢鼻的區域，那麼針刺曲池穴無疑是最佳的選擇之一。反過來呢？如果證在曲池的區域，那當然是會首選犢鼻了。

　　第三個對應：肩對胯。手陽明經在肩部的穴位是肩髃穴，對應足陽明經於胯部的穴位髀關穴。亦即肩髃與髀關同氣。

　　通過上面的圖表和講述，我們在手足陽明經上分別給出了三個參照點（即三個穴位），連接這些點，便構成了手足陽明的經線。尋找陽明的同氣，應該以這個經線作為基礎。

　　確立了經線的循行，我們便能在經線循行的任一處尋找同氣。比如曲池穴和陽溪穴連線的二分之一處疼痛，那麼，在對側犢鼻穴和解溪穴連線上找二分之一處，便是下針的同氣點。若是在曲池穴和陽溪穴連線的四分之一處疼痛，那麼，對側犢鼻穴和解溪穴連線的四分之一處便是同氣。以這個法則類推，身上任何一處不適，都能找到解決的方針。因為都能找到同氣！所謂同氣，是因為同中！這裏面的蘊義太深，夠我們用一生去參悟。

## (2) 手足少陽

　　通過手足陽明的三部同氣，我們大致應該能夠找到一些求同氣的感覺，以下的各手足經絡同氣，只以表格的形式列出，不再過多講述。

**手足少陽經（同氣）**

| | 腕 | 陽池 | | 踝 | 丘墟 |
|---|---|---|---|---|---|
| 手少陽 三焦經 | 肘 | 天井 | 足少陽 膽經 | 膝 | 膝陽關 |
| | 肩 | 肩髎 | | 胯 | 環跳 |

## （3）手足太陽

**手足太陽經（同氣）**

| | 腕 | 陽谷 | | 踝 | 崑崙 |
|---|---|---|---|---|---|
| 手太陽 小腸經 | 肘 | 小海 | 足太陽 膀胱經 | 膝 | 委中 |
| | 肩 | 肩貞 | | 胯 | 承扶 |

# 2. 手足三陰經（同氣）

## （1）手足太陰

手太陰肺經的三對應需要做些說明，下焦地部肩關節的對應點不是正經正穴，是肺經線上與沖門同氣的一個對應點。同樣，足太陰脾經中焦人部在膝關節的內膝眼也非正經正穴，是經外奇穴。

**手足太陰經（同氣）**

| | 腕 | 太淵 | | 踝 | 商丘 |
|---|---|---|---|---|---|
| 手太陰 肺　經 | 肘 | 尺澤 | 足太陰 脾　經 | 膝 | 內膝眼 |
| | 肩 | 肩髃穴前 二橫指髎 | | 胯 | 沖門 |

　　進入太陰，我要補充說明幾句。為什麼經絡要從陽明太陰開始？我的理解是，對十二正經而言，離「中」最近的就是這一對表裏。《傷寒論》陽明篇的第184條云：「陽明居中，主土也。」居中意味着什麼呢？居中意味着有和。所以，接下來才能：「萬物所歸，無所復傳。」前幾年，朋友推薦我看了劉力紅博士的一個講座視頻，講座的題目叫：中醫——尚禮的醫學！我很建議大家也能找來看看。講座題目的這個提法我非常讚嘆，這也是我多年實踐和思考的切身感受。禮是儒家的重頭戲，這個戲的核心由孔子的學生有子提出來了：「禮之用，和為貴。」而這齣戲的結局是什麼？要演向哪裏呢？在《論語‧顏淵》開首，有師生之間的一段問答：「何謂仁？克己復禮為仁。一日克己復禮，天下歸仁焉。」從尚禮的主題切入，既帶出了中醫很核心的要義——陰陽的「和」，同時也確立了中醫在「仁」上的歸屬。

　　現在人們都喜歡泛稱：醫為仁術！其實這是一個很值得深究的話題。仁的一個很根本的特徵，就是無敵！當然換一個說法也可以——愛人！無敵並沒有想像的那麼可怕，大家也不要一下就把它放到戰場上。無敵很內在的意義就是沒有對立，或者不去用對立的方式處理問題。反過來呢？就是有敵！有敵當然就免不了對立、對抗。像抗生素、抗病毒、降壓、抗抑鬱、鎮靜、抗心律失常、抗休克、抗腫瘤、手術等等，我們從這一系列代表着西醫主要措施的名詞，已然可以嗅到濃濃的火藥味！所以，力紅博士將西醫喻為尚刑的醫學，至少到目前為止，是比較切合的。

　　禮之與刑，對抗與中和，實不能以優劣論，貴在當機與否。這也實在是至今為止，我看到的最為公允和貼切的言論。

　　刑之一途，收效最為迅捷，但，遺留的問題是「冤冤相報何時了」，所以，從這條路上，我們常常看到的景象是，不停地更新，不停地升級。為什麼西醫那麼強調創新？因為不創新就沒有出路！今天再用用80萬單位的盤尼西林，細菌們理都不會理你！

　　而中醫呢？因為尚禮的緣故，因為不對抗，因為講求中和，所以，自然沒有這樣的遺留問題。而中醫不須更新和升級的原因也來自這裏。如果我們不從根本上去認識中醫，而是抱定今天創新的範式和口號，非要在中醫裏面整一個創新出來，那麼，如《莊子》所描述的，渾沌的悲劇就會重演！

　　今天在科學的旗幟下，我們常常使用的一個詞是：可重複性！在我看來，這恰恰是中醫最鮮明的特徵之一。兩千年前合谷能夠收面口，今天仍然能！而且永遠能！這是千錘百煉，百煉千錘！合谷之於面口，它不是對抗，它是同氣，是最大限度的和合！所以，小小銀針它起到的作用是什麼呢？是和平！是真正的和平使者！和者，陰陽自和者必自愈；平者，平人者，不病也。我希望內針的學人們，要多從此處用功。

## （2）手足少陰

**手足少陰經（同氣）**

| 手少陰<br>心　經 | 腕 | 神門 | 足少陰<br>腎　經 | 踝 | 太溪 |
|---|---|---|---|---|---|
| | 肘 | 少海 | | 膝 | 陰谷 |
| | 肩 | 極泉 | | 胯 | 長強穴旁<br>開0.5寸 |

說明：

手足少陰的第三個對應中，足少陰腎經在相應的循行部位沒有正穴。之所以取長強穴旁開0.5寸為對應，是因為足少陰腎經從長強穴旁開0.5寸處進入腹內，是我們能於體表找到的與極泉同氣的最佳點！

## （3）手足厥陰

**手足厥陰經（同氣）**

| 手厥陰<br>心包經 | 腕 | 大陵 | 足厥陰<br>肝　經 | 踝 | 中封 |
|---|---|---|---|---|---|
| | 肘 | 曲澤 | | 膝 | 曲泉 |
| | 肩 | 腋前大筋 | | 胯 | 陰廉 |

說明：

手足厥陰的第三個對應，與上述的少陰類似，手厥陰於肩的下焦地部與陰廉相應處，也沒有正穴，腋前大筋的選取亦是依據於同氣。關於腋前大筋，我要多說兩句，這個地方對於急症，尤其是心血管的急症，比如急性心絞痛發作，是很管用的一個地方。心絞痛一般都發在左胸（異位心的除外），此時用力以拇食中指提捏大筋，往往很快就能緩解。腋前大筋的運用雖有經驗的成分，但，還是不出同氣，大家務要用心！

　　以上我們講了36個穴位（以單側算）、18個對應關係，以及同經穴與穴之間的連線，這些是基本的基本，大家必須把它記牢。倘若病證在身體的中線，如任督線上，不便區分左右，可按男左女右選穴。除此之外，一律按上述四總則取穴（以患者自身的左右來確定「男左女右」，比如：患者為男性，則針刺患者左側相應穴位）。

　　黃帝內針的核心原則是同氣，同氣相求，有求必應！這個應不在它時它刻，而在此時此刻。所以，用《靈樞·九針十二原》的四效應，即拔刺、雪汙、決閉、解結來形容內針的效應是最適合不過的。若在臨證的過程中，下針以後無所應，比如證屬疼痛，疼痛沒有消除或減輕，那麼應該意識到最有可能的原因是同氣沒有找準，及時調整，找準同氣，便能立竿見影。

　　當然，除了努力練習找準同氣，學人的信心是否持有？傳承是否獲得？亦是原因之一。如果經過調整，仍然無應，我的經驗是立即放棄，讓患者另請高明！儘管這樣的案例少之又少，但，卻是我們內心必備的選擇！如此，方不至於貽誤病情。其實，任何事都是相依的，有能的一面，就有不能的一面，希望大家能夠如此平常地看待黃帝內針。

　　當我講到這裏的時候，我們應該能夠發現，除了經絡穴位這些很少的字眼屬於中醫專有，其餘幾乎沒有什麼是中醫專有的東西。這亦是我所強調的「文人通醫」的基礎所在，可能性所在。

## 3. 頭手足經絡（同氣）

以上討論了手足的三陰三陽經絡同氣，從經絡層面的同氣，我們看到了經絡與三焦（三才）同氣的不可分性。以下進入頭與手足經絡的同氣，一樣也有這個特質。內針規範其實就是通過不同部位的同氣探求，漸漸熟悉同氣的內涵及尋找同氣的方法，進而規範在手，一通百通！

**頭手足經絡（同氣）**

|  | 頭（天） | 手（人） | 足（地） |
|---|---|---|---|
| 厥陰 | 頭頂（百會） | 勞宮 | 太沖 |
| 陽明 | 面額 | 合谷 | 陷谷 |
| 太陽 | 頭後 | 後溪 | 申脈 |
| 少陽 | 頭兩側 | 中渚 | 足臨泣 |

頭頂區域的同氣是厥陰，如《傷寒論》的顛頂頭痛，要用〈厥陰篇〉的吳茱萸湯，是取該方善溫厥陰寒逆。頭頂的厥陰同氣，在手為勞宮穴，在足為太沖穴。

額頭和面部是陽明的同氣，其在手為合谷；在足為陷谷。當然，就整個面部區域而言，還不限於陽明，還有小部分區域涉及少陽、太陽的同氣。

後頭或腦後的區域是太陽同氣，其在手為後溪；在足為申脈。每一穴位都有不同的名字，中國文化講求名實之間的關係是相符。因此，穴位名也是針道裏很重要的一項內容，亦需着力探求。

　　談到名實，王石公於《素書》中有一句名言，多年前讀過這本小冊子，其他的已然忘得精光，只是這一句卻始終不離，陪伴我到今天。現在拿出來與大家分享：「名大於實則損！」希望各位能夠將它放在心上，時時檢點，這也是一道特別管用的護身符！這個時代培育了浮躁，有一就說成十，這是人生最要不得的東西。積累再多的人生，都會因此損掉！

　　頭與手足的同氣劃分出來後，頭面的問題就能很方便地在手足上找到解決方針。對於內針學人，我們切忌問頭痛怎麼治療？這一問，就露馬腳了。我們必須弄清是什麼頭痛？太陽頭痛還是陽明頭痛？太陽頭痛要尋後溪或申脈；陽明頭痛可以取合谷或陷谷。不過陽明雖然主額面，但若在眉棱骨、眼內角和顴骨的區域，則還需考慮太陽，因為足太陽經起於睛明穴，手太陽經的顴髎穴在顴骨附近。餘者類推。

## 4. 手（掌）頭同氣

　　頭面除了與上述手足經絡存在同氣關係，與手掌也存在同氣。我們將雙手合掌：中指指尖對應頭頂部，屬厥陰經。

　　食指側面對應面額部，屬陽明。面部的美容要在陽明上求，這一點在《素問‧上古天真論》上也透過消息：「五七，陽明脈衰，面始焦，髮始墮。」因此，抓住了陽明，便等於抓住了美容的主脈。

　　手背對應頭的側面，屬少陽。頭側面的問題，包括耳的問題，如耳鳴、耳聾等，皆可於少陽求之。當然，耳的問題

不僅僅限於少陽，還有太陽參與其間，若求少陽同氣不理想，還可於太陽求之。

拇指（背側）對應鼻，屬太陰。鼻子的問題，如常見的鼻塞、流涕、噴嚏，甚至嗅不到香臭，在拇指背的太陰求同氣。很多時候，針進去的剎那，不通氣的就暢通了。

根據同氣相求的原則，頭部的很多疾患，我們從一對手掌上就能找尋到解決方針。手掌與頭的同氣關係，不僅可以用來解決普通的頭疼腦熱，還可用於緊急施救。如常見的中風，無論是腦出血還是腦梗死，若能在第一時間指尖刺血，往往能夠轉危為安。指尖刺血，也叫十宣放血，是流傳久遠的急救措施，其原理、其依據也都沒有離開同氣。

## 5. 頸項經絡（同氣）

### 頸項經絡（同氣）

|  | 頸項 | 手 | 足 |
|---|---|---|---|
| 督脈 | 風府—大椎 | 後溪 | 申脈 |
| 任脈 | 廉泉—天突 | 列缺 | 照海 |
| 太陽 | 天柱—大杼 | 陽谷 | 崑崙 |
| 少陽 | 風池、翳風—肩 | 陽池 | 丘墟 |
| 陽明 | 人迎—缺盆 | 陽溪 | 解溪 |

督脈起於長強，終於齦交，循脊而行；任脈起於承漿，終於會陰，循腹中線而行。督脈統領手足三陽，為陽脈之

海；任脈統領手足三陰，為陰脈之海。任督二脈是人身最大的一對陰陽，可不可以在這個上面陰病治陽、陽病治陰呢？一樣的可以！例如腰脊的疼痛是陽（督）病，我們可在腹部任脈循行線上找到對應位置，這便是陽病治陰。這個治療不需用針，手指點按就可以解決。

督脈行於後項正中，嚴格來說是頸1到頸7的區域。但是，我們需要注意，項部除了正中督脈循行，兩側還有太陽和少陽。今天由各式各樣原因引發的頸椎病十分常見，內針的學人一定要牢記同氣原則，在同氣的原則下辨證施治。若證在正中，風府大椎連線區域，則屬督脈同氣，可刺後溪或申脈。若在項後兩旁，天柱大杼連線區域，則屬太陽同氣，可刺陽谷或崑崙。若旁至頸側，風池、翳風至肩井連線區域，則屬少陽同氣，可刺陽池或丘墟。

頸部的經絡，從面上看只有任脈和陽明，任脈的問題可以尋列缺的同氣，因為列缺為任脈的交會穴。陽明的問題可以找尋同氣，如刺陽溪或解溪。但，我要提示一下，從內裏而言，少陰和太陰都循行咽部，因此，咽部的問題，如常見的咽痛、音啞，可不可以考慮少陰和太陰的同氣呢？當然可以！比如我們可以刺太淵或者太溪。總之，我們在規範以內靈活地運用四總則，同樣一個問題，會有諸多不同的解決方針。我們在熟諳方針靈活性的同時，切切不可忘記大道至簡，能用一針解決的問題，絕不用二針。在解決問題的前提下，如果從每位患者身上能夠節省一根針，積少成多，便就不可思量了。

## 6. 肩部經絡（同氣）

　　黃帝內針的適應範圍是所有的病證，尤其痛症是黃帝內針的入門基礎，如果拿建築大樓來比喻，痛症就好像是黃帝內針的地基，內針的學習就要從這裏起步。

　　而所有病證的應對方針，都不離四總則，都不離前面總結的36個穴位和18個對應關係的應用。從頭項開始，我們進入了一些局部區域的傳講，而每一局部的討論，都無非是要明大家回到規範上來，都無非是變着花樣讓大家熟悉規範。尤其是三才（焦）和經絡同氣的互參互用，需得我們百煉成鋼。

　　下面我們接着討論肩背經絡，肩背以區域而言，屬於上焦範圍，是膈俞以上的背部及肩部的統稱。

　　談到肩背，不少人就會發問：肩周炎怎麼治？若用內針的法眼看，這樣的問法本身就有問題。肩上一共有六條經絡，也就是說，相當於六氣在肩部周流，如果不辨經絡、不明六氣，開口動手都是錯誤。

**肩部經絡（同氣）**

|  | 肩 | 手 | 足 |
|---|---|---|---|
| 陽明 | 肩髃 | 偏歷 | 下巨虛 |
| 少陽 | 肩髎 | 外關 | 懸鐘 |
| 太陽 | 天宗（胸椎1–7） | 支正 | 跗陽 |
| 太陰 | 肩前（雲門、中府） | 經渠 | 三陰交 |
| 厥陰 | 腋前大筋 | 內關 | 三陰交 |
| 少陰 | 腋下（極泉） | 通裏 | 三陰交 |

　　這裏我們雖說是肩部經絡同氣，但，實際上包括了整個背部的上焦區域，也就是從膈俞或至陽穴水平線至大椎水平線之間的區域。其中，肩貞穴、天宗穴周圍及整個肩胛，包括胸椎1至胸椎7的背部，都屬於太陽經分布區域。比如一位右肩疼痛的患者，如果右臂上舉障礙，右手不能摸到左耳，那麼問題多半在哪呢？在太陽！在太陽就要求太陽同氣，上肢可以選支正穴，下肢可選跗陽穴。肩周炎不算什麼大病，但，引起的疼痛和肩臂功能障礙卻是不易承受，時間長的往往困擾數年。肩周炎的病證除了問清疼痛的具體位置，如肩前疼痛的很多，這個部位屬太陰，在上肢可選經渠穴，在下肢可選三陰交穴。另外，尚需根據肩臂功能的不同障礙來區分所病，如腋前大筋屬於厥陰，一般表現為上肢向後障礙，或者上抬外展受限，若屬此類肩臂功能障礙，那麼應考慮厥陰同氣，於上肢可選內關穴，下肢可選三陰交穴。肩部的疼痛在少陰經的區域比較少見，不過有的心臟病患者的不適可向腋窩牽扯，這時就需考慮少陰的同氣，於上肢可選通裏穴，下肢可選三陰交穴。

　　這裏的肩部經絡同氣需要略作說明，如果我們將肩背籠統地劃為上焦，這還沒問題，因為上與上同氣，所以，肩部的問題於腕踝附近尋求解決方針，是同氣相求。然而，我們在討論手足三才（焦）定位的時候，明確將肩胯對應於下焦地部，亦即肩胯屬於同氣。本來肩部的問題，應求之於胯，這裏卻要在腕踝相求。其實，這就是總則四的陰陽倒換求！雖

説倒換了，細品一下，仍是在規範之內。下病不是可以上取嗎？既然可以上取，那肩的問題，求之於腕踝，便又在法理之中了。黃帝內針之所以能夠將下針的範圍限制於肘膝以下，就是通過諸多的倒換實現的。另外，如上所述，肩胛區域為手太陽循行範圍，當這一區域出現不適，我們可以選取支正。而支正本身就是手太陽的絡穴，因此，求取支正不但是同氣，還屬本經本氣。若從同氣的角度，那麼，本經本氣應該説就是純度更高的同氣。就好像99.99%的黃金一樣！

## 7. 腰部經絡（同氣）

**腰部經絡（同氣）**

| | 手 | 足 |
| --- | --- | --- |
| 太陽 | 小海 | 委中 |
| 少陽（胸12–腰1） | 天井 | 陽陵泉 |

　　一般來説，腰部並沒有特別嚴格的定義，大抵從胸7到腰5，或從膈俞穴（肩胛下角）以下都是腰的範圍。當然，細分起來，還有骶部。腰部主要分布的是足太陽經，當於太陽經中求同氣。但是胸12至腰1這一段的不適，往往求太陽同氣不能獲得理想的效果，這個時候可以結合少陽同氣，前肋的不適可以求少陽，後肋不適照樣可以求少陽。

## 8. 三焦經絡（同氣）

三焦（才）經絡同氣，其實都是在重複前面的內容，是反復其道，不過我們不要怕重複，因為只有熟悉了，才能生出巧用。

### （1）上焦經絡（同氣）

**上焦（鳩尾－天突）經絡（同氣）**

|      | 手    | 足    |
| ---- | ---- | ---- |
| 厥陰 | 內關 | 三陰交 |
| 陽明 | 偏歷 | 下巨虛 |
| 少陰 | 通裏 | 三陰交 |
| 太陰 | 經渠 | 三陰交 |

上焦是指鳩尾穴的水平線到天突穴的水平線之間的這一片區域，心臟位於上焦，心包亦在上焦，中醫五臟的心與循環系統的心臟有關聯，但，不能畫等號。這一點記得前面有所論及，劉力紅博士的《思考中醫》也就此有專述。心在中國文化裏面的內涵太深，它更重要的部分不在形而下，亦即不在臟器的範疇。與此相關的形而下的臟器，多由心包代理，因此，胸部的問題除肺系疾患以外，多要考慮厥陰。五總穴裏講到「心胸內關謀」，這是非常智慧的一句話。這句話告訴我們，內關與整個心胸同氣，心胸的問題要同氣相求，找內關是非常切合的。當然，若不取內關而要在下肢尋求同氣，

那麼，三陰交或中都、蠡溝穴也是可以的。

此外，足陽明經經過乳頭，足陽明經和任脈之間是足少陰經，足太陰經在足陽明經的外側，這些都是尋求同氣的依據。如乳房的問題可以針內關，但，若問題在乳頭區域，則需結合陽明同氣，上肢可取偏歷穴，下肢可取下巨虛。從經絡循行的路線看，心前區除厥陰經以外尚有陽明經太陰經循行，因此，若因冠心病一類的心臟疾患引起心前區不適，若刺右側厥陰，如內關或三陰交效果不理想，則可加刺陽明、太陰同氣，如右側偏歷或下巨虛。

## (2) 中焦經絡（同氣）

### 中焦（鳩尾—神闕）經絡（同氣）

|  | 手 | 足 |
|---|---|---|
| 陽明 | 曲池 | 足三里 |
| 少陰 | 少海 | 陰谷 |
| 太陰 | 尺澤 | 陰陵泉 |
| 厥陰 | 曲澤 | 曲泉 |
| 少陽 | 天井 | 陽陵泉 |

中焦是胃的家，而胃與脾互為表裏，儘管這個區域還包括其他臟器，但以脾胃為主。因此，中焦的問題我們首先要考慮陽明。在上焦的同氣中，我們已經描述過諸經的分布情況，中焦的經絡分布與上相同，任脈居中，任脈旁開0.5寸是少陰經，任脈旁開1.5寸是陽明經，陽明經旁開1.5寸是太陰

經，太陰經旁開 1.5 寸是厥陰經，厥陰經旁開 1.5 寸是少陽經。

張仲景之所以成為醫界的萬世師表，是因為他創立了六經辨證體系，而黃帝內針是不折不扣的、更為直觀的六經辨證。中焦範圍的不適，可以見於很多疾病，幾乎整個消化系統都在裏面。鄭欽安先生說過：五臟六腑皆是虛位，二氣流行方是真機。在內針的體系，這是真實不虛的。或者我們稍稍擴展一下：六氣流行，方是真機！所以，當中焦腹部的不適出現後，我們不一定問是胃炎還是膽囊炎甚或是胰腺炎，但，必須尋問不適所在何處。「處」很重要！因為處裏有經，經裏有氣。從西醫的角度來看，鑒別不適屬於何病十分重要。比如對於一個上腹疼痛而言，鑒別由胰腺炎引起還是胃炎引起，幾乎是要命的勾當！然而對於中醫，更要命的是分清何經何氣，因為無論什麼疾病，都不外乎氣的乖亂，能將氣的乖亂理順，疾病便失了基由。而要想理順乖亂，則必須看清亂在何經，亂在何氣。這裏是間不容髮，如果理錯了，不僅順不過來，反而更添亂象。中西醫的着眼點不同，這一方面需要相互理解、相互尊重。

所以，中焦的任何問題也都必須遵循六經辨證的原則，首先確定不適所處何經，確定何經，便能於此經（包括同名經）尋求中焦同氣。比如一個「胃痛」，既有可能在少陰的中焦同氣上求，也有可能要在陽明甚或太陰、厥陰上求。當然，倘若不適影響到脅肋，如在日月穴區域出現不適，那麼還需考慮少陽的同氣。

## (3) 下焦經絡 (同氣)

### 下焦 (腰1–腰5) 經絡 (同氣)

| | 手 | 足 |
|---|---|---|
| 少陰 | 通裏 | 太溪 |
| 厥陰 | 大陵 | 中封 |
| 太陰 | 太淵 | 商丘 |
| 陽明 | 陽溪 | 解溪 |
| 少陽 | 陽池／中渚 | 丘墟／足臨泣 |

　　下焦區域，在背後為腰1至腰5，當然，也還包括骶部；在前為神闕以下的區域。下焦對應四肢是肩與胯，而內針規範明確限定肘膝以內 (近軀幹段) 為禁針區域，所以，這裏下焦經絡的同氣就要運用倒換的原則，於腕踝的上焦同氣求之。

　　下焦區域，無論從中西還是西醫的角度，都有不少重要的臟器分布，如生殖系統、泌尿系統以及腸道等。這些臟器及其相關區域的病證，都可以在下焦呈現。不過，對於內針的學人而言，無論是什麼系統、無論是哪個臟器呈現的病證，甚至無論什麼性質的病證，我們都必須牢記內針的總則、內針的規範。系統、臟器乃至性質，我們可以弄不清楚，但是，陰陽卻是絲毫糊塗不得！

　　比如小腹墜脹向會陰部牽扯，痛經，膀胱、尿道問題引起的小腹不適，這些首先都要考慮少陰。為什麼呢？因為上述病證所涉區域，皆為足少陰腎經所轄。根據同氣倒換原

則，在上肢可選通裏穴，下肢可選太溪穴。當然，下焦問題於腹部的呈現，多見於小腹、少腹（即腹的兩側）及腹股溝區域，這些區域除了少陰外，尚有厥陰、太陰、陽明等經及任脈循行。此外，厥陰經還繞二陰循行。根據倒換原則，厥陰於上可取大陵穴，大陵既是手厥陰心包經的輸穴，也是心包原穴。除了大陵，可不可以選內關呢？當然也是可以的。厥陰於下可取中封穴。太陰於上可選太淵穴，也可取經渠；於下可取商丘。商丘為足太陰脾經的經穴，經穴五行屬金。而實地商丘處河南東部，為商朝古都。據稱商丘乃三商之源，所謂三商，即商人、商業、商品。將商丘封於足太陰脾，而太陰土主信實，唯信土能生真金。言至於此，陶淵明的「結廬在人境，而無車馬喧。問君何能爾，心遠地自偏。採菊東籬下，悠然見南山。山氣日夕佳，飛鳥相與還。此中有真意，欲辨已忘言」，不由地湧入心頭，大家是否願意就此參上一參呢？！

三焦於軀幹如此，於四肢如此，個中之真意還真不能不辨上一番。此便是數之可十，推之可百，數之可千，推之可萬，萬之大不可勝數，然其要一也。陰陽如斯，三焦又何不如斯乎？！故而若四肢有此三焦，手上亦即有此三焦，實在地說，何處無三焦呢？處處在在皆是三焦！以手而言，手指可視為上焦，手指根部到勞宮穴則為中焦，勞宮穴到掌根便是下焦了。所以，勞宮穴能不能治胃疼呢？當然能！勞宮穴能不能治胸痛呢？也一樣能！若按照過去的講法，我已經說

到無可說處了。大家明白了嗎？！明白了，自不用再往下看。

　　循此類推，陽明的下焦問題，在上可取陽溪穴，在下可取解溪穴。陽溪、解溪既代表上，這是以腕踝上（焦）、肘膝中（焦）、肩胯下（焦）論。以此而論，二溪解決陽明的下焦問題，屬於陰陽倒換求同氣。換一個角度，當我們將手掌、腳掌立起來（指尖和趾尖朝上），手腳各成一個天地，二溪不就都在下（焦）了嗎？！這又變成直接的同氣相求了！二溪如此，無穴不是如此。由此便知，為什麼《素問》要說「萬之大，不可勝數」！實在是不勝數、不勝說，不勝說、不勝數！

　　下焦少陽的問題，如股骨頭壞死造成的疼痛、坐骨神經痛等，在上可選中渚穴，在下可選丘墟穴，而我更喜歡用足臨泣。帶脈繞腰一周，如果環腰一周都疼的，說明問題在帶脈上，可選外關穴或足臨泣穴，因為外關、臨泣通帶脈。

## 9. 任脈、督脈（同氣）

　　督脈起於胞中，下出會陰，經長強行於後背正中。因此，以腰骶為中心或者肛門周圍的不適，可從督脈考慮。會陰區和腰骶區域的症，在上可取後溪穴，在下可選申脈穴。因為後溪、申脈與督脈交會。當然，依據下病上取的總則，直接用本經本氣亦可，可取百會或人中（人中學名叫水溝）。尾椎、腰骶、會陰乃至前後陰的問題，我們可以從督脈來治，那可不可以從任脈來治呢？一樣可以！一方面，任脈循行於上述的部分區域；另一方面，即便不循行於上述的某些

區域，如腰骶，那麼，前後不也是一對大陰陽嗎？病在陽（督）陰（任）治之，是亦不離於規範。任脈在上可選列缺穴，在下可選照海穴。若直用本經本氣，則取承漿、廉泉、天突皆可。

# 五、結夏

很多事情真的不可思議，以黃帝內針的傳講而言，真正的開講始於三亞，之後陸陸續續都在南方，比如南寧。而在傳講將要結束的時候，因緣又把我們帶到了古有南昭之稱的大理。再過幾日便要端午了，端午即正午，亦即正南、正夏，忽然眼前浮現「結夏」二字，且就以此為題，圓成黃帝內針的傳講。

結於夏，亦就是結於南，亦就是結於九針，這一切雖非刻意，卻似乎處處透顯着「九針從南方出」的蘊意！當然，結夏最原始的涵義應屬佛陀當年制訂的結夏安居。印度的夏日炎熱非常，且有長達三個月的雨季，正好據此安居。結夏既有護生之意，亦有以期自修自度，積厚養深。對於內針的學人而言，亦可藉以培育大醫之精誠！

而在我的心目中，還有另外一個想法，就是三月之期，正好可以作為內針的修習之期。如果將來要做黃帝內針的教育或培訓，三月為期足矣！通過三個月的學習，學人應能基本熟練地掌握內針的法理及操作應用。三個月可為內針的結業之期！為什麼不說畢業呢？內針雖然至簡至易，但修學卻

無有止境，一輩子的功夫都不嫌長。因此，內針的學人且不可因其神奇，因其效用立竿見影，而生絲毫驕慢。驕慢了，不但見不到真(針)諦，必又毀了自己。

熟悉針道的同仁也許會問，我們數次提到九針，那黃帝內針用的是什麼針呢？我們主要用毫針！因為毫針已足以啟中，已足以用中，故亦不待其餘了。

結於夏的這一講，我會談談內針如何審穴，以及內針的其他禁忌。當然，也會談及急症的處理，還有內針特具的導引。

## 1. 審穴

### (1) 如何求同氣

同氣相求是黃帝內針談得最多的一個概念，在這裏還要繼續作強調，是因為我們不希望把同氣停留在概念上，而必須將其融化到日用裏，融化在每一針上。

同氣是內針在用上的根，那如何來求這個同氣呢？還是必須將它放回到三才和陰陽裏。《老子‧四十二章》裏講了「道生一，一生二，二生三」，求同氣正好要反過來，從三開始。三是三才，是三焦；二是陰陽；一呢？一是「阿是」！「啊」是了，是了！

所以，同氣是從三開始求的，無論任何地方的不適，首先必須在三上求出同氣。是屬於三裏面的上(天)？還是三裏面的中(人)？抑或三裏面的下(地)？比如頭痛，一聽這個症，

便知要在上裏面求同氣。上裏面求同氣，便意味着要在上裏面施針，腕踝末端的區域一下便被鎖定了。然而，踝腕以遠有那麼寬廣的地方，有那麼多穴位，究竟選哪呢？這就需要從三退回二來。二是陰陽，是三陰三陽六經，是八脈所系，當然，還包括上下左右的陰陽。根據痛的處所，就能從二上求出同氣。比如痛在前額，便知是陽明；痛在頭側，便知是少陽；痛在後腦，便知是太陽。根據痛的左右，便在二的層面完成了同氣相求。便能於上述三的基礎上，確定施針的部位。如系右前額痛，那麼施針必在左踝腕及周邊的陽明區域。這裏為什麼要用區域呢？因為還不是最精確的下針定位。陽明有經有絡，而在經則刺經，在絡則刺絡！所以，精確的定位，還有待最後的這步「一」！一便是求阿是！

## (2) 阿是穴

　　針灸教材中講的阿是穴，又名不定穴、天應穴、壓痛點。這類穴位一般都隨病證而定，多位於病證的附近，當然，也有距離較遠的，通常都沒有固定的位置和名稱。阿是穴的取穴方法是以痛為腧，即俗稱的「有痛便是穴」。而黃帝內針體系的阿是穴，是在同氣的基礎上，才有阿是可言。

　　阿是穴是孫真人提出的針灸療法，見於《千金方》，其謂：「有阿是之法，言人有病痛，即令捏其上，若裏當其處，不問孔穴，即得便快成痛處，即云阿是。灸刺皆驗，故曰阿是穴也。」阿是之法，為後世針道開闢了一條簡便易行的路徑。在內針體系，我們充分師取了阿是的用意，只是我們沒

有在病處求阿是，而是轉而在同氣上求阿是，可以説是別開
生面。

同氣上怎麼求阿是呢？仍以上述的右額頭痛而言，根據
內針四總則，假使我們確定要針左側的合谷，而合谷穴的具
體位置一查便知。但是，我要告訴大家，合谷之在合谷，那
是就平人而言。平人的合谷位於常處，也就是教科書上判定
的位置。那麼，對於非平人（病人）而言，合谷就不一定在常
處了。它很可能在非常處，那我們如何去確定這處於或常或
非常處的合谷呢？阿是之法便是最好的確定方法！

於同氣中求「阿是」，這便屬於一，所以，內針審穴的要
訣是：三二一！由三退到二，由二退到一！一就一錘定音，一
就一錘定針！具體的方法是：以上述求出的合谷穴為中心，師
用阿是之法，以拇指指腹不輕不重地按壓穴位及周邊區域，最
敏感的地方（亦即最酸、麻、脹、痛之處），即合谷阿是穴，
即下針之處！合谷阿是有可能正處合谷，有可能在合谷上下，
在上下皆為在經；有可能在左右（或內外），在左右即為在絡。
餘者依此類推。若能正下阿是，往往針入症失！

### （3）穴外定穴

掃一眼經絡穴位圖譜，便知穴位的分布並非一穴挨着一
穴，如環跳與風市便相去甚遠。而身體的病證卻不一定依着
穴位來，它可能隨處都能發生。因此，就有一個穴外定穴的
問題。穴外定穴依然是四總則，依然是同氣求阿是。規矩法
則其實已言盡於上，這裏只提醒大家記住同身寸兩分法。如

陽明經陽溪穴至曲池穴之間的距離與解溪穴至犢鼻穴之間的
距離並不相等，但，這沒有關係，假使病證出現在陽溪穴和
曲池穴連線的中點，那解溪穴至犢鼻穴連線的中點，便是同
氣，於此處求其阿是，便能八九不離十。如果病證不在上述
連線中點，而在三分之一處或四分之一處乃至無數分之一處
呢？由此便知《素問‧陰陽離合論》何以要說「陰陽者，數之
可十，推之可百，數之可千，推之可萬，萬之大不可勝數，
然其要一也」。依此要則，依此規範，無論病在何處，皆不出
同氣之「手心」！

## 2. 用針禁忌

對於針道而言，既要知道可針，亦要知道不可針，這就
關係到用針的禁忌問題。

### (1) 肘膝以上及整個軀幹和頭部禁針

這一禁忌已反覆多次強調，於此列為第一，學人務須牢
記！

### (2) 患處禁針

有關內針之道，通過這次傳講，已合盤托出於上。言語
道斷之處，我無法言表；我不知道的，也無法言表。若把上
述傳講的弄清了，自然不會於患處用針。如要於患處用針，
便自不屬內針一系了。

### (3) 不信者禁針

今天我們雖然一廂情願地將醫學納入了科學的軌道，但，就其實質而言，醫學的範疇要遠大於科學。在科學的軌道，我們不用談「信任」二字，然而在醫學，信任有時甚至可以成為獲取療效的關鍵。因此，沒有信任的前提，往往勞而無功，甚至適得其反。在這一點上，內針的學人需要好好把握，更須細心領會什麼叫信任。信任或不信任都在言談之中、在表情之內、在舉手投足之間流露，學人需於此領而會之，便可作用針與否之抉擇。針道一途，看上去是醫者將針刺入病患體內，但，實際的作用卻離不開心，這個心當然是指醫患雙方。我們講信任，怎麼個信任呢？信任其實就是信心任物。《靈樞·本神》曰：「所以任物者，謂之心。」以此觀之，諸事必通過心方能成辦，或者說心乃諸事成辦的關鍵所在。從這個角度去看待信任，便知非同尋常了。

### (4) 特殊情況不用針

特別疲勞或過饑、過飽，以及飲酒後，一般不宜用針。若在這種情況下用針，發生暈針的概率會比較高。

### (5) 皮膚受損處不用針

由於四總則給出的規範，為我們選擇針處提供了極大的靈活性，所以，對於內針而言，並沒有一個必針之處。因此，避開皮損處進針，對我們來說是很容易實現的事。

## 3. 常用急救

對於中醫學人而言，我認為有一個觀念是必須糾正的，那就是中醫只治慢病的觀念。這一觀念的形成，與針道衰微關係密切。因此，還針道面目於本來，復還並彰顯針道應有的效用，尤其是急救方面的效用，實乃當代中醫學人尤其是內針學人的當務之急！以下僅就個人經驗所及，簡單談談常見的急症處理，以為拋磚引玉之用。

### (1) 毫針急救

#### ①角弓反張

角弓反張雖然是癲癇的常見症狀，但並非癲癇獨有的症狀。比如中暑、高燒不退及嚴重吐瀉的病人也會因為抽搐，背部肌力增強而角弓反張。角弓反張屬於督脈的攣縮，當然也包括太陽經，對於此類急症，首先考慮人中穴、後溪穴、申脈穴。人中與承漿是諸穴中最大的一對陰陽，是真正的天地。人中乃督脈之本經同氣，而反張在後，人中在前，正是陽病治陰之典範。後溪、申脈既與督脈交會，又為太陽本經同氣，於角弓反張甚宜。由於角弓反張的患者大都神志不清，問診困難，除人中之外，一律按男左女右取穴。此外，根據十九病機的「諸風掉眩，皆屬於肝」，角弓反張還與肝經有關，故針刺太沖亦有良效。角弓反張病在於後 (背)，陽明經行於前，後病前治，合谷亦為常用之穴。

角弓反張若伴神志不清的，可刺勞宮、湧泉。若出現呼

吸困難，刺內關甚效。當然，加刺然谷、太溪，納氣歸腎，其效更速。

### ②中風

中風是當今很常見的急症，又稱腦中風、腦卒中、腦血管意外，中醫則分中經、中臟。中經絡多致半身不遂，中臟腑則多致神識昏迷及呼吸迴圈障礙。半身不遂之中經，按內針常規處理，不在此例討論。

中風急症，首先要考慮厥陰同氣，可首選勞宮、內關、太沖、中封諸穴，若神志障礙明顯，需考慮少陰，可選湧泉、太溪、少府、通裏諸穴。通裏有什麼作用呢？其實它的名字已經告訴我們了。裏不通，才有中風諸事，將裏通了，便復歸太平！

這裏我要稍稍強調一下陽明的作用，在中醫的體系裏，危急之證一般分閉、脫兩類，而危急閉證即與陽明關係密切。有關這一點，我們打開《傷寒論》，便能從中找到證據。大家知道，危急閉證最突出的表現就是神志障礙昏糊，而描述神昏的條文基本都集中在陽明病篇。故而閉證神昏從陽明入手，是值得重視的路徑。另外，在針灸裏，陽明也是最常用的一條經。按照背為陽、腹為陰的原則，所有的陰經都遵則而行，唯有足陽明胃經不行陽部，反行陰部。這個陽行陰位的特徵，成就了它的居中性質，故而針刺陽明，更能促進「中」的恢復。我認為，這應該是它最為常用的根本所在。此外，陽明乃多氣多血之經，針刺陽明，對於促進氣血的恢

復，亦大有裨益。陽明可選內庭、解溪、豐隆、足三里、陽溪諸穴。

中風急症，針刺經外奇穴八風、八邪，亦是寶貴的經驗。從內針的角度看，八風八邪亦不過是頭（腦）的同氣，亦在同氣相求的範疇。八風穴即足趾趾縫間，當赤白肉際處；八邪穴即手指指縫間，當赤白肉際處。

### (2) 鋒針（三棱針）刺絡急救

鋒針為九針之一，就是大家都熟悉的三棱針，主要用於刺絡。我常習以12號注射器針頭代替鋒針，使用起來更為方便。鋒針於急救可謂有先鋒之效，無論是腦中風還是心臟病急性發作，皆可以鋒針刺絡出血。可首選百會穴及雙側耳尖，若有口眼歪斜，則加刺耳垂。如果再配合開四關，即針刺合谷、太沖、內庭、陷谷四穴，則問題更易化解。凡屬急危症，於百會、耳尖之外，尚需配合十宣、氣端（十宣大家都很熟悉，在手十指尖端，左右共10穴。氣端則可能很多人不了解，在腳十指尖端，左右共10穴，可視為經外奇穴）鋒針點刺擠血，如果擠血時呈噴射狀射出，多能化險為夷。若點刺擠血，出血甚少，挽回多半困難。另外，若系中暑急症，則應首選尺澤、委中刺絡放血。刺絡仍依男左女右，或雙側皆刺。刺絡當視青筋怒張處刺，故不局限於穴位，凡周邊有青筋（靜脈）怒張者，皆可刺之。

### (3) 艾灸急救

艾灸急救主要用於危急脫證，脫證的特徵，除有可能發生神志障礙外，主要可見面色蒼白、手足冰冷、大汗淋漓。閉證多系陽明，脫證則多系少陰，為陽氣逆脫使然。救治當以回陽救逆為要，艾灸無疑是最方便的選擇。常用的灸處是勞宮、湧泉、神闕及關元、氣海等。另外，針刺就免不了有暈針的可能，暈針的表現與脫證相仿，雖然表現嚇人，實際並不危險。只要立即拔針，並按上述處理，便能很快消除。

### (4) 指掐或提捏

以上談及的諸多急救措施，一定程度上都可用指掐來完成。尤其在倉促無針灸用具的情況下，指掐更能爭分奪秒地完成急救，轉危為安。指掐的部位亦即用針的部位，力度適中，以能承受為度。另外，部分懼針的患者，亦可以指代針。

以指提捏或提撥，最常用於腋前大筋和腋下極泉。以之救治心臟病急性發作，如心絞痛、心梗，往往會收意想不到的效果。

極泉穴的撥動方法：中指在右極泉穴處（異位心例外）將肌肉向後推然後向前撥，如此後前撥動，患者如觸電般筋麻至手，則説明撥法正確。若無此感覺，則需調整角度、力度。

腋前大筋拿法：以拇指和食、中、無名指提捏右側大筋，向前拉放，連續三次。同時密切觀察患者面色、表情及呼吸變化，如果拿捏到位，心前絞痛或壓榨感瞬間即可消

失。若三次不行，可以連續提捏六次或九次。腋前大筋為厥
陰循行路線，與心腹內關謀同理同氣，依此亦知，提捏股內
側大筋亦會有同樣效果。

## 4. 內針導引

　　從陰引陽，從陽引陰，既是針道的總則，亦是導引的總
則。也可以說，黃帝內針之所以法簡而效宏，與導引的參與不
無關係。導引啟中、用中，進而和合陰陽。有關導引，前面已
經有所談及，並介紹過劉力紅教授講導引按蹻的視頻。我這裏
則要從另一個角度跟大家談一談醫患之間的「導引」，用《素
問·湯液醪醴論》的話說，就是病與工的關係。論曰：「<u>病為</u>
<u>本，工為標。標本不得，邪氣不服。此之謂也。</u>」按照《內經》
的這個教言，病與工，也就是醫患之間必須相得，這是病癒的
前提。那麼，如何謂之相得？如何才能相得呢？所謂相得，以
我自身的感受而言，其實就是醫患之間的共同意識。而導引無
疑是實現這一共同意識的關鍵！上述的導引為的是實現內在的
和合，此處的導引則是要實現醫患的和合。醫患之間能相得益
彰，病患往往消於頃刻。在這一點上，甚是需要我們心領之，
神會之，這亦是內針的不傳之秘！

　　按照內針規範，當我們將針送入應入之處，我們就不再
關注於針處了。不管它是如迎浮雲，還是沉魚落雁，統統不
作理會！內針不在乎針感上的得氣，針感上得氣與否絲毫不
會影響療效。內針在乎的是得不得同氣，若得同氣，則能相

求，相求必然有應！內針追求的境界是悄無聲息地將針送入，不給患者帶來絲毫痛苦。當然，這需要功夫，需要假以時日。針入以後，我們關注的焦點是病患之處！這裏用了「我們」，乃指醫者與患者，醫者以言導引之，患者以意關注之，病處的變化便當即發生。這個變化或指疼痛的消失減輕，或指功能的部分或全部恢復，種種奇蹟，皆是平常。內針施治的整個過程不行針，一般留針三刻 (45分鐘) 後除針。留針期間，病者只需靜靜留意患處，感受疾苦漸去的愉悅！

黃帝內針的妙用在於守神，在於得神，而心為神之主，上述的醫患相得，即指心之相得。心周太虛，無有界限，若能相得，則本標合一，所願皆成。何能相得？醫者必先發大慈惻隱之心，誓願普救含靈之苦，外此，別無捷徑。

醫道以扶危濟困為唯一目的，內針之道入門雖易，若欲深入，必須全力。如此方能由針而會真，由針而全真！最忌諱者，乃恃此所長，專心名利。凡屬此類，不但於內針之道無有進益，終必以此誤己誤人。內針學人務須謹記！

各位同仁，黃帝內針傳講將結於此，期望大家努力！若能於內針學人處見證針道拔刺、雪污、解結、決閉之效；更能於內針學人之操守見證中國文化之和美，則吾願足矣！

# 附表一：三焦經絡同氣表

| 三焦 | | | 經絡 | |
|---|---|---|---|---|
| **上焦**<br>心窩以上 | **中焦**<br>心窩—肚臍 | **下焦**<br>肚臍以下 | | |
| 腕 **陽谷**<br>**後溪** 支正 | 肘 **小海** | 肩 **肩貞** | 手太陽小腸經 | 太陽 |
| 踝 **崑崙**<br>**申脈** 跗陽 | 膝 **委中** | 胯 **承扶** | 足太陽膀胱經 | |
| 腕 **陽溪**<br>**合谷** 偏歷 | 肘 **曲池** | 肩 **肩髃** | 手陽明大腸經 | 陽明 |
| 踝 **解溪**<br>陷谷/內庭 下巨虛 | 膝 **犢鼻**<br>**足三里** | 胯 **髀關** | 足陽明胃經 | |
| 腕 **陽池**<br>**外關** 中渚 | 肘 **天井** | 肩 **肩髎** | 手少陽三焦經 | 少陽 |
| 踝 **丘墟**<br>**足臨泣** 懸鐘 | 膝 **膝陽關**<br>**陽陵泉** | 胯 **環跳** | 足少陽膽經 | |
| 腕 **太淵**<br>**列缺** 經渠 | 肘 **尺澤** | 肩 **肩髃穴前**<br>**二橫指** * | 手太陰肺經 | 太陰 |
| 踝 **商丘**<br>**三陰交** | 膝 **內膝眼** *<br>**陰陵泉** | 胯 **沖門** | 足太陰脾經 | |

| 三焦 | | | 經絡 | |
|---|---|---|---|---|
| **上焦**<br>心窩以上 | **中焦**<br>心窩—肚臍 | **下焦**<br>肚臍以下 | | |
| 腕 **神門**<br>**通裏** | 肘 **少海** | 肩 **極泉** | 手少陰心經 | 少<br>陰 |
| 踝 **太溪**<br>(三陰交)照海 | 膝 **陰谷** | 胯 **長強穴旁**<br>**開0.5寸***  | 足少陰腎經 | |
| 腕 **大陵**<br>**內關** 勞宮 | 肘 **曲澤** | 肩 **腋前大筋*** | 手厥陰心包經 | 厥<br>陰 |
| 踝 **中封**<br>(三陰交)<br>蠡溝 中都 **太沖** | 膝 **曲泉**<br>膝關 | 胯 **陰廉** | 足厥陰肝經 | |
| **列缺**（手太陰肺經）八脈交會穴（通於任脈）<br>**照海**（足少陰腎經） | | | **任** | |
| **後溪**（手太陽小腸經）八脈交會穴（通於督脈）<br>**申脈**（足太陽膀胱經） | | | **督** | |
| **足臨泣**（足少陽膽經）八脈交會穴（通於帶脈）<br>**外關**（手少陽三焦經） | | | **帶** | |
| **內關**（手厥陰心包經）八脈交會穴（通於陰維脈） | | | **陰維** | |

（其中：肩肘腕胯膝踝邊上的黑體字穴位為「精減版36穴」；標註*的穴位，是未歸於十四經脈的穴位）

# 附表二：本書所涉經絡穴位

| | |
|---|---|
| **手太陽小腸經**<br>後溪　**陽谷**　支正　**小海**　**肩貞**　天宗　顴髎 | 太陽 |
| **足太陽膀胱經**<br>睛明　天柱　大杼　膈俞　**承扶**　**委中**　跗陽<br>**崑崙**　申脈 | |
| **手陽明大腸經**<br>合谷　**陽溪**　偏歷　**曲池**　肩髃 | 陽明 |
| **足陽明胃經**<br>人迎　缺盆　**髀關**　**犢鼻**（即外膝眼）　足三里　下巨虛<br>豐隆　**解溪**　陷谷　內庭 | |
| **手少陽三焦經**<br>中渚　**陽池**　外關　**天井**　肩髎　翳風 | 少陽 |
| **足少陽膽經**<br>風池　肩井　日月　**環跳**　風市　**膝陽關**　陽陵泉<br>懸鐘　**丘墟**　足臨泣 | |
| **手太陰肺經**<br>中府　雲門　**尺澤**　列缺　經渠　**太淵**　魚際 | 太陰 |
| **足太陰脾經**<br>太白　公孫　**商丘**　三陰交　陰陵泉　**沖門** | |

| | |
|---|---|
| **手少陰心經**<br>**極泉　少海**　通裏　**神門**　少府 | 少陰 |
| **足少陰腎經**<br>湧泉　然谷　**太溪　照海**　陰谷 | |
| **手厥陰心包經**<br>**曲澤**　內關　**大陵**　勞宮 | 厥陰 |
| **足厥陰肝經**<br>太沖　**中封**　蠡溝　中都　膝關　**曲泉　陰廉** | |
| **任脈**<br>會陰　關元　氣海　神闕　鳩尾　膻中　天突<br>廉泉　承漿 | 任 |
| **督脈**<br>長強　命門　至陽　大椎　啞門　風府　百會<br>水溝（人中）　齦交 | 督 |
| **經外奇穴**<br>耳尖　八邪　十宣　膝眼（特指**內膝眼**）　八風　氣端 | 奇穴 |

（註：不含肩髃穴前二橫指、長強穴旁開0.5寸、腋前大筋）

# 中醫學堂：一燈燃百千燈

被譽為「中國近代醫學第一人」的張錫純，曾這樣評說「人生有大願力，而後有大建樹」：

老安友信少懷，孔子之願力也；當令一切眾生皆成佛，如來之願力也。

醫雖小道，實濟世活人之一端。故學醫者，為身家溫飽計則願力小；為濟世活人計則願力大。

作為《黃帝內針》的編輯，我們聯合倡導「我為人人、人人為我」的互助讀書風尚，讀者的中醫基礎有好有差，所以需要讀者「師兄師弟、師姐師妹」互相幫助、拉拔。比如，本書簡體版編輯、中國中醫藥出版社《中醫師承學堂》《中醫傳承學院》主編劉觀濤率先擔任「中醫讀書小組志願者」，在「中醫師承學堂」微信訂閱號為《黃帝內針》快樂導讀、解疑釋惑，並刊發本書讀者的「精彩分享」、醫師用針的「生動案例」，希望成為本書讀者「延伸學習、互助交流」的動態「精神家園」。

我們期待更多的本書讀者，自發自願組建「黃帝內針」讀書小組，把您讀一本好書的喜悅，分享給自己的三五好友，乃至分享給更多的同道中人。

幫助別人就是幫助自己；成就別人就是成就自己。

讓我們從「黃帝內針」讀書小組開始，點燃分享互助的第一盞「心燈」。

我們期待着：「一燈燃百千燈，冥者皆明，明明無盡！」